Eigenmittel erwirtschaften

*Eine Navigationshilfe
für gemeinnützige Träger*

von Andreas Knoth

*mit Beiträgen von
Falk Zientz und Sebastian Leonhard*

*Stiftung MITARBEIT
SOCIUS Organisationsberatung
Gefördert von der Robert Bosch Stiftung*

Impressum

Herausgeber:
Stiftung MITARBEIT
Bornheimer Str. 37
53111 Bonn
Telefon   02 28 – 6 04 24 – 0
Telefax   02 28 – 6 04 24 – 22
e-mail: info@mitarbeit.de
www.mitarbeit.de
www.buergergesellschaft.de

in Kooperation mit
SOCIUS Organisationsberatung
gemeinnützige GmbH
Friedbergstr. 36
14057 Berlin
Telefon   0 30 – 32 60 70 – 11
Telefax   0 30 – 32 60 70 – 12
e-mail: info@socius.de
www.socius.de

Arbeitshilfe für Selbsthilfe- und Bürgerinitiativen Nr. 33
Text: Andreas Knoth – knoth@socius.de
mit Falk Zientz (Kapitel 6), Sebastian Leonhard (Kapitel 8)
Illustration, Layout & Satz
Philipp Anhegger, Norbert Poppe – www.transformhaus.de
Druck: Druck- und Werbegesellschaft mbH, Bonn

Verlag Stiftung Mitarbeit
ISBN 3-928053-89-2
Bonn 2004

Vorwort

Das Kapital der Bürgergesellschaft sind die vielen engagierten Menschen mit ihrem Engagement, ihrer Zivilcourage und ihren Einstellungen. Aber die Bürgergesellschaft braucht auch finanzielle Mittel.

Der Staat allein kann diese nicht bereitstellen. Vielmehr ist die Bürgergesellschaft dringend auf andere Einnahmequellen angewiesen. Dazu gehören traditionell Spenden, Mitgliedsbeiträge und Stiftungen – alles im übrigen zugleich selbst Ausdrucksformen aktiven Bürgerengagements.

Die dritte Finanzierungsquelle ist die sog. Eigenmittel-Erwirtschaftung. Gemeinnützige Organisationen erbringen Dienstleistungen und Güter, für die sie bezahlt werden. Die Bedeutung dieser Finanzierungsquelle für gemeinnützige Organisationen ist in Deutschland schon heute wesentlich größer als gemeinhin vermutet und dürfte in Zukunft noch weiter zunehmen.

Trotzdem haben vor allem viele kleinere Initiativen und Projekte eine Scheu vor diesem Bereich, was gewiss mit komplizierten steuerrechtlichen Regelungen zu tun hat, aber auch eine Frage von Mentalitäten ist. Zwischen gemeinnützigem Sektor und wirtschaftlicher Tätigkeit scheinen manchmal geradezu mentale Welten zu liegen.

Der Leitfaden von Andreas Knoth ist ein Beitrag zur Überwindung dieser Kluft. Er stellt aus der Perspektive gemeinnütziger Projekte praxisorientiert dar, was beim Aufbau von Geschäftsbetrieben in wirtschaftlicher, organisatorischer und rechtlicher Hinsicht zu berücksichtigen ist, und vermittelt hilfreiche Methoden und Instrumente zur Bewertung der Erfolgschancen und für ein notwendiges konzeptionelles Vorgehen. Dabei werden keine Illusionen geweckt, sondern auch Stolpersteine, kritische Punkte und Grenzen der Eigenfinanzierung aufgezeigt. Diese Linie wird auch bei der Präsentation der ausgewählten Fallbeispiele beibehalten.

Wir haben uns sehr gefreut, als die socius Organisationsberatung und Andreas Knoth uns die Veröffentlichung des Leitfadens in unserer Publikationsreihe angeboten haben. Unser Dank gilt dem Autor und der Robert Bosch Stiftung, die dieses Projekt ermöglicht hat.

Adrian Reinert
Stiftung MITARBEIT

Inhalt

Mein Dank gilt allen Interview- und Gesprächspartner/innen, die mit ihrer Erfahrung, ihrem Wissen und ihren Gedanken zu diesem Buch beigetragen haben.

Darüber hinaus danke ich der Robert Bosch Stiftung für die finanzielle Unterstützung der Studie und dieser Veröffentlichung.

Andreas Knoth

Berlin, Oktober 2004

Einleitung

Ein Stadttheater bietet Kommunikationskurse für Manager an, um seinen Kassenstand aufzubessern; ein Beschäftigungsträger unterhält seinen Fuhrpark, indem er ihn nachts für private Umzüge vermietet; ein gemeinnütziger Verband betreibt einen Supermarkt als tragfähiges Ausbildungsprojekt für Jugendliche; ein Kirchenverein verkauft Wein, um den Erhalt der Kirchenorgel zu finanzieren; ein Ökoinstitut subventioniert Forschung und Kampagnen durch den Vertrieb von Solaranlagen ... Die Palette der möglichen Strategien zur Eigenmittel-Erwirtschaftung im gemeinnützigen Bereich ist breit und vielseitig. So verlockend das Modell der eigenständigen Finanzierung dabei ist, so viele Fragen wirft es in der Regel auf:

- Wie groß ist überhaupt das Potential der Eigenmittel-Erwirtschaftung als unabhängige Finanzierungsform für gemeinnützige Träger? Wie stehen die Chancen auf Erfolg?
- Welche Modelle und Beispiele für erfolgreiche Eigenfinanzierung gibt es? Was braucht es, um auf dem Markt erfolgreich zu sein?
- Worauf ist beim Aufbau gemeinnützig verankerter Geschäftsbetriebe zu achten? Was ist ein sinnvolles Vorgehen?

Dieses Buch ist als »Navigationshilfe« gedacht, die gemeinnützigen Trägern die Entwicklung von Strategien zur Eigenfinanzierung am Markt erleichtern soll. Das Buch vereint drei Elemente: Erstens liefert es fachliches Grundwissen, das eine grobe Karte des bislang wenig beschriebenen Terrains der Eigenmittel-Erwirtschaftung skizziert und auf betriebswirtschaftliche sowie juristische Grundlagen von Geschäftsgründungen verweist; zweitens findet sich hier praktisches Handwerkszeug, das in Form eines Leitfadens als Kompass durch dieses Terrain führen soll; schließlich werden Fallbeispiele gegeben, die wie Reiseberichte einzelne Ausschnitte der Karte illustrieren und bestimmte Navigationsrouten gemeinnützig veranerter Geschäftsgründungen nachvollziehbar machen.

Eigenfinanzierung als Herausforderung

Wenn von der Finanzierung gemeinnütziger Träger durch eigenwirtschaftliche Aktivitäten die Rede ist, klingt immer auch der Diskurs um den Rückzug des Staates aus der Finanzierung von sozialer Sicherung, Bildung und Kultur an. Wo öffentliche Mittel knapper werden, sind Eigenfinanzierungsmodelle dabei nicht nur Teil einer erzwungenen Anpassungsstrategie des gemeinnützigen Bereichs, sondern können gleichzeitig seine gesellschaftliche Verhandlungsposition stärken. Der Aufbau des selbsterwirtschafteten Anteils im Finanzierungsmix gemeinnütziger Träger birgt damit gerade in Deutschland, wo eine starke strukturelle Abhängigkeit der Zivilgesellschaft vom Staat immer wieder bemängelt wird, einige Chancen.

Dabei wird in der gemeinnützigen Szene immer wieder betont, dass Eigenmittel-Erwirtschaftung keinen Ersatz für die öffentliche Förderung gesellschaftlicher Aufgaben darstellen kann, sondern allenfalls eine ausgleichende Ergänzung, die die Nachhaltigkeit der Organisationen und ihrer Arbeit stärkt. Insbesondere die immer schwerer zu sichernde Finanzierung der Overhead-Kosten kann durch die Stärkung der Eigenmittel auf eine stabile Basis gestellt werden, von der aus Projektförderungen freier akquiriert werden können.

Das Modell der marktbasierten Finanzierung gemeinnütziger Träger hat allerdings hierzulande jenseits der sozialen Dienstleistungsszene bislang nur wenig Gewicht. Zwar finden bei nahezu allen gemeinnützigen Trägern im kleinen Rahmen auch wirtschaftliche Aktivitäten statt – meist jedoch lediglich als Nebeneffekt der ideellen Arbeit und ohne langfristige Perspektive. Die Dürre erfolgreicher Eigenfinanzierungs-Modelle hat verschiedene Gründe, die sowohl im Innenleben der Träger wie auch in ihrer Umwelt zu suchen sind. Zu den wichtigsten Hürden zählen dabei:

- der Mangel an verfügbarer *Kapazität*, v.a. an Personal und Startkapital zum Aufbau von Geschäftsbetrieben bei den Trägern sowie das Fehlen eines funktionierenden Kapitalmarktes zur Unterstützung entsprechender Vorhaben;
- Engpässe beim notwendigen *Know-how* im Marketing und juristischen Bereich (v.a. bei kleineren Trägern) und die in den juristischen Rahmenbedingungen angelegten hohen Einstiegsschwellen;
- die in der *Kultur* vieler gemeinnütziger Träger vorgezeichnete Reibung mit der unternehmerischen Logik und die mangelnde Durchlässigkeit zwischen gemeinnütziger und privatwirtschaftlicher Sphäre.

Darüber hinaus haben gemeinnützige Träger beim Aufbau von Geschäftsbetrieben natürlich auch mit den selektierenden Kräften des Marktes zu kämpfen, die im allgemeinen rund drei Viertel aller Existenzgründungen schon in der Startphase scheitern lassen. In Anbetracht dieser Barrieren dramatisiert sich die eingangs gestellte Frage, welche Chancen und Wettbewerbsvorteile gemeinnützig verwurzelte Geschäftsbetriebe auf dem freien Markt überhaupt haben.

Zentrale Erfolgskriterien

Das vorliegende Buch basiert auf einer Studie über Eigenmittel-Erwirtschaftung im gemeinnützigen Kontext, die 2003/04 von der socius Organisationsberatung gGmbH mit Förderung der Robert Bosch Stiftung unternommen wurde. Das Spektrum der in der Studie dokumentierten Fälle reicht von etablierten Geschäftsmodellen wie dem Fair-Trade-Verkauf beim »Eine-Welt-Haus Jena« und dem Gastronomiebetrieb im Berliner Stadtteilzentrum »Alte Feuerwache« über die Palette der weithin bekannten Zweckbetriebe der »Stiftung Synanon« bis hin zu einzigartigen Finanzierungsprojekten wie dem Drei-Sterne-Hotel des Hamburger »CVJM« und der Versicherungsvermittlung beim »Jugendhaus Düsseldorf«.

Unter den dokumentierten Trägern sind Vereine, Stiftungen und gemeinnützige GmbHs, deren Geschäftsbetriebe als integrierte Abteilungen, ausgelagerte GmbHs und AGs oder als freistehende Genossenschaften und wirtschaftliche Vereine strukturiert sind. Gemein ist den untersuchten Fällen, dass die Träger über ihre Geschäftsbetriebe Einnahmen durch zweiseitige marktbezogene Austauschbeziehungen erzielen und diese direkt oder indirekt ihren ideellen Programmen zugute kommen lassen. Dieser Stand – mit je einem Bein in der Nonprofit- und in der Profit-Welt – wirkt dabei einmal als doppelte Verwurzelung, ein anderes Mal als heikler Spagat.

Während die Untersuchung ursprünglich als »Best Practice Studie« angelegt war, hat sie ebenso viele Probleme wie Erfolge beleuchtet. Dennoch zeigen die Fälle, dass das Modell der marktbasierten Finanzierung funktionieren kann und unterm Strich in der Regel eine Bereicherung für die gemeinnützigen Träger darstellt. Als Erfolgskriterien für die Geschäftsgründungen haben sich dabei fünf zentrale Aspekte herausgeschält:

- Das *Trägerprofil*: Ein offensichtlicher Erfolgsfaktor bei der Gründung von Geschäftsbetrieben ist die Tragfähigkeit der gemeinnützigen Träger. Sowohl Finanzkraft als auch personelle Kapazitäten sind entscheidend, um einen Betrieb von der Gründung an durch die Startphase hindurch zu stützen. Eine Gründung ohne zumindest eine drittel bis halbe hauptamtliche Stelle für den Geschäftsbetrieb ist dabei in der Regel zum Scheitern verurteilt. Auch Rücklagen und Sicherheiten für die Kredit- oder Darlehensaufnahme sind wichtige Erfolgsfaktoren für Geschäftsgründungen, da sie Liquiditätsengpässe überbrücken können und Investitionen ermöglichen, mit denen Träger ihre Geschäftsbetriebe auch in lukrativeren Märkten mit höheren Einstiegsbarrieren etablieren können. Allgemein lässt sich (traurigerweise) sagen: Je größer und besser der Träger ausgestattet ist, desto besser die Chancen auf eine erfolgreiche Geschäftsgründung.
- Das *Geschäftsfeld*: Von entscheidender Bedeutung für den Erfolg einer Gründung ist die Verbindung zwischen dem ideellen Bereich des Trägers und dem Geschäftsbetrieb. Wo sich

inhaltliche Überschneidungen zwischen den beiden ergeben, kann aus der oft spannungs-reichen Koexistenz sogar eine Symbiose der Arbeitsbereiche werden. Vielversprechende Branchen sind in dieser Hinsicht der Umwelt-, Kultur- und Bildungsbereich, da hier die Trennlinie des ideellen Angebots zu vermarktbaren Produkten fließend ist. Insbesondere dort, wo die Verbindung der beiden Bereiche von Anfang an beim Aufbau des Trägers ge-plant ist und nicht erst nachträglich konstruiert werden muss, ist das Erfolgspotential hoch.

- Die **Leitung**: Ein dritter wichtiger Erfolgsfaktor ist die kompetente Führung von Trägern und Geschäftsbetrieben. Wichtig ist dabei nicht nur betriebswirtschaftliche Kompetenz innerhalb der Geschäftsführung und des Vorstands, sondern vor allem »Schnittstellenkom-petenz« der Leitungspersonen, um die konfliktträchtige Verbindung zwischen ideeller und marktbezogener Sphäre innerhalb der Organisation zu überbrücken. Gute Voraussetzun-gen bringen hierfür Personen mit, die sowohl im Unternehmensbereich als auch im ge-meinnützigen Sektor Arbeitserfahrungen haben. Zentral ist zudem eine Kontinuität an der Spitze, die gewährleistet, dass Geschäftsbetriebe strategisch mit der nötigen langfristigen Perspektive aufgebaut werden.

- Das **Umfeld**: Soziales Kapital ist im gemeinnützigen Bereich in der Regel breiter gestreut als finanzielle Mittel. Bei guter Entwicklung und Nutzung dieses Kapitals kann sich aus dem Beziehungsgeflecht der Organisation ein Wettbewerbsvorteil für den Geschäftsbetrieb ergeben, der den Mangel an finanziellen Ressourcen mehr als auffängt. Entscheidend sind dabei die Nähe zu den Klient/innen, die Vernetzung mit Partnern in der gemeinnützigen Szene und auf politischer Ebene, sowie die Bindung von Mitarbeiter/innen und Engagier-ten durch individuell zugeschnittene Arbeitsbedingungen.

- Der **Prozess**: Ein letzter wichtiger Erfolgsfaktor bei der Gründung von Geschäftsbetrieben ist die Balance zwischen Beherztheit und gewissenhafter Planung. Geschäftsgründungen sind per se risikobehaftet. Der Aufbau eines Betriebs lebt daher von einer gewissen Risiko-bereitschaft, die sich in kraftvollen Investitions- und Personalentscheidungen widerspie-gelt. Gleichzeitig bedeutet das allgegenwärtige Risiko, dass eine gesunde Skepsis am Platz ist, die sich in einem disziplinierten Controlling widerspiegeln muss. Träger, die die Balance zwischen diesen beiden Polen finden, haben zwei der entscheidendsten Klippen gemein-nützig verwurzelter Geschäftsgründungen erfolgreich umschifft.

Mit diesen Faktoren stützt die Studie die Grundthese, dass der Schlüssel zum Erfolg von Eigen-finanzierungsmodellen in den Ressourcen der gemeinnützigen Organisationen angelegt ist. Ein gemeinnütziger Träger, der einen gewinnorientierten Betrieb aufbaut, ist dabei nicht so sehr mit einer Existenzgründung zu vergleichen, wie eher mit einem Unternehmen, das ein neues Geschäftsfeld erschließt. Wie bei der Unternehmenserweiterung zahlt es sich dabei aus, nah am »Kerngeschäft« zu bleiben, um die bestehende Infrastruktur, Kompetenzen und Ziel-gruppenzugänge des Trägers als Wettbewerbsvorteil des Geschäftsbetriebs nutzen zu kön-nen. Wie sich diese Ressourcen erkennen und zur Geschäftsgründung strategisch einsetzen lassen, wird in den folgenden Kapiteln beschrieben und illustriert.

Leitfaden zur Geschäftsgründung

Der Aufbau von Geschäftsbetrieben im gemeinnützigen Kontext gleicht der Vorbereitung einer nautischen Expedition, bei der die Kenntnis und Ausrüstung des eigenen Schiffs ebenso wichtig sind, wie das Beherrschen von Wetterkunde und Kursplanung. Der hier vorgestellte Aufbauprozess umfasst fünf Schritte, in denen abwechselnd das Innenleben und die Umwelt der Organisation zum Ausgangspunkt der Planung genommen werden. Jeder Schritt beginnt mit einer Analyse-Einheit und endet mit einer fundierten Entscheidung, ob und in welcher Form die Geschäftsgründung vorangetrieben werden soll.

1. Zielbestimmung

In einem ersten Schritt werden die Argumente abgewogen, die für und gegen die Gründung eines Geschäftsbetriebs sprechen. Der Diskussionsprozess sollte dabei innerhalb der Organisation auf möglichst breiter Ebene ablaufen. Auf Grundlage der vorgebrachten Argumente fällt in der Regel der Vorstand des Trägers die Entscheidung, ob und mit welchen Zielen die Geschäftsgründung vollzogen werden soll, und beauftragt ein Projekt-Team mit der Gestaltung des weiteren Planungsprozesses.

2. Ressourcenanalyse

Im zweiten Schritt werden die Ressourcen der Organisation analysiert, um das Feld der Geschäftsgründung abzustecken. Unter Beteiligung von Vorstand, Geschäftsführung, Mitarbeiter/innen und Klient/innen wird dabei zunächst eine Analyse von Kontakten, Knowhow und Kapazitäten der Organisation vorgenommen, auf deren Grundlage dann Geschäftsideen generiert und systematisch ausgewertet werden. Das Ergebnis dieser Phase ist die Auswahl des besten Geschäftsfeldes nach Kriterien wie Attraktivität und Passung mit dem Profil der Organisation.

3. Marktanalyse

Nachdem das Geschäftsfeld bestimmt ist, wird der Markt mit den betreffenden Zielgruppen und Konkurrenten analysiert, um festzustellen, wie der Geschäftsbetrieb optimal zu positionieren ist. Der Prozess der Marktforschung kann an externe Berater ausgelagert werden, sollte aber in jedem Fall vom Projektteam vor- und nachbereitet werden. Auf Grundlage der Marktanalyse legt das Team die Marktstrategie für den Geschäftsbetrieb fest.

4. Konstruktion

Im vierten Schritt wendet sich der Planungsprozess mit der Konstruktionsentscheidung wieder dem Innenleben der Organisation zu. Die Konstruktion ist einerseits in Bezug auf die Rechtsform des zu gründende Betriebs, andererseits hinsichtlich seiner Steuerung zu klären. Die Konstruktionsentscheidung erfolgt im Projekt-Team unter Einbeziehung externer Beratung (insbesondere bzgl. steuerrechtlicher Fragen). Ergebnis dieser Phase ist ein Organisations-Modell, das dem Profil und den Interessen des Trägers ebenso gerecht wird wie den Anforderungen des Marktes.

5. Geschäftsplanung

Der fünfte Schritt ist die Erstellung des Geschäftsplans. Hierfür werden zunächst Planungsrechnungen angestellt, die Auskunft über die erwarteten Kosten und Umsätze und den

Kapitalbedarf des Geschäftsbetriebs geben. Der Planungsprozess ist auch wichtig, um zu klären, an welcher Stelle noch lose Enden im Geschäftskonzept sind. Im Businessplan werden schließlich die Ergebnisse der Planung zusammengefasst und der zu gründende Geschäftsbetrieb im Kontext seines Marktes vorgestellt.

Der hier vorgestellte Prozess kann die Ankunft am gewünschten Ziel zwar nicht garantieren, liefert aber einen systematischen Entscheidungsrahmen, um die Gründung eines gemeinnützig verankerten Geschäftsbetriebs optimal vorzubereiten.

Aufbau dieses Buches

Die ersten fünf Kapitel dieses Buches zeichnen den oben dargestellten Leitfaden von der Zielbestimmung bis zur Geschäftsplanung nach. Im sechsten Kapitel erläutert Falk Zientz mögliche Anlaufstellen und das praktische Vorgehen zur Sicherung der Startfinanzierung gemeinnützig verankerter Geschäftsgründungen. Kapitel sieben beschreibt die Reibungspunkte der Kultur gemeinnütziger Träger mit der marktbezogenen Handlungslogik und zeigt typische Stolpersteine im Planungs- und Gründungsprozess auf. Einen umfassenden Überblick der juristischen Rahmenbedingungen zum Thema Eigenmittel-Erwirtschaftung gibt im achten Kapitel Sebastian Leonhard.

Die Kapitel werden durch vier Symbole strukturiert, die die Navigation im Text erleichtern

Das Buch ist Symbol für Informationen, die das betriebswirtschaftliche und juristische Hinterland der Eigenmittel-Erwirtschaftung betreffen.

Die Laterne beleuchtet praktische Hinweise und Tipps, die beim Aufbau und Management gemeinnützig verankerter Geschäftsbetriebe nützlich sind.

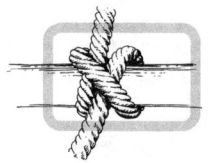

Der Knoten bezeichnet Beispiele, anhand derer sich die beschriebenen Zusammenhänge festmachen lassen.

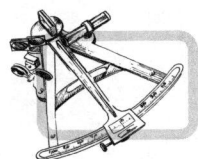

Der Sextant steht für konkretes Handwerkszeug und Methoden, die im dargestellten Entwicklungsprozess genutzt werden können.

Zwischen dem vierten und fünften Kapitel werden zehn der in der Studie dokumentierten Organisationen vorgestellt. Die Auswahl der Beispiele orientiert sich dabei an den im Leitfaden erläuterten Strukturmodellen. Die Fallbeschreibungen zeichnen die Entstehungsgeschichte, die organisatorische und juristische Konstruktion sowie die Marktstrategie der vorgestellten Geschäftsbetriebe nach und stellen kritische Punkte und Erfolgskriterien der Fälle heraus. Im Anhang des Buches findet sich schließlich eine Zusammenstellung von Forschungsergebnissen sowie Literatur und interessante Webseiten zum Thema Eigenmittel-Erwirtschaftung.

Das Buch gibt einen Einstieg zum Thema und erörtert dabei einige der zentralen Fragen, die sich auf dem Weg gemeinnützig verankerter Geschäftsgründungen stellen. Wer sich tatsächlich entscheidet, diesen Weg einzuschlagen, wird sicherlich an mancher Stelle weiterführende Information und Beratung benötigen, denn jede Gründung hat ihre eigene Dynamik und ihre spezifischen Herausforderungen und Lösungen.

I. Zielbestimmung

Das sozio-kulturelle Zentrum »Corso« hat Geldsorgen: Die über den Dachverband vergebene institutionelle Förderung des Trägers wird stetig gekürzt, die sozialen Dienstleistungen, die früher einmal eine Stammbelegschaft von Sozialarbeiter/innen und Pädagog/innen sicherten, sind zusammengeschrumpft und können nur mühsam durch Projekt-Anträge aufgefangen werden. Manch einer meint, das Zentrum habe nur noch eine Saison zu leben, bevor es schließen muss. Auf der Krisensitzung des Trägers unterbreitet der Geschäftsführer dem Vorstand einen Lösungsvorschlag: Ein vom Träger betriebenes Tagungshaus, so die Idee, könnte im Jahr so viel Geld einspielen, dass zumindest die Verwaltungskosten des Zentrums gesichert wären. Die Overhead-Struktur wäre damit langfristig autark und der Träger könnte von dieser soliden Basis aus strategisches Fundraising betreiben. Obwohl die Vorstellung verlockend ist, sind die Vorstandsmitglieder skeptisch. Einige Fragen stehen im Raum:

- Ist das vorgestellte Szenario realistisch?
- Was spricht außer der Finanzierungsfrage noch für eine Geschäftsgründung?
- Was sind die Risiken und Nebenwirkungen der Entscheidung?
- Welche Finanzierungs- und Entwicklungsziele können für die Gründung formuliert werden?
- Was würden die Mitglieder und Klient/innen des Zentrums dazu sagen?

Im Vorfeld gemeinnützig verankerter Geschäftsgründungen sind drei grundlegende Schritte notwendig: Erstens muss erwogen werden, ob eine Gründung überhaupt sinnvoll ist, da Eigenmittel-Erwirtschaftung neben umfangreichen Vorteilen und Verlockungen auch diverse negative Auswirkungen auf gemeinnützige Träger haben kann. Im Lichte der gesammelten Argumente sind zweitens die langfristigen Ziele der Geschäftsgründung zu bestimmen. Drittens muss geklärt werden, wie die Bezugsgruppen des Trägers voraussichtlich auf die Geschäftsgründung reagieren, und wie sie optimal in den Aufbauprozess eingebunden werden können.

Abwägen der Argumente

In den meisten Fällen geht die Initiative zu einer Geschäftsgründung von einer engagierten Person im Träger aus oder entsteht im Gespräch zwischen Einzelnen. Die Rolle dieser Initiatoren ist entscheidend, um das Projekt gegen die natürlichen Widerstände und Trägheitsschwellen in der Organisation zum Leben zu erwecken. Viele Projekte, die in Planungsrunden von oben entstehen, versanden oder laufen auf, weil sich in der Organisation kein Gefühl der Teilhabe einstellt und sich somit keine Energie hinter der Idee formiert. Dennoch muss auch bei einer enthusiastisch vertretenen Initiative gut erwogen werden, welche Gründe für und gegen die Geschäftsgründung sprechen, um realistische Ziele für das Unterfangen abstecken zu können. Dabei sind zunächst zwei grundlegende Fehlannahmen als Motive der Gründung auszuschließen.

Fehlannahme Nr. 1: Geschäftsbetriebe bringen schnelles Geld

Während diese Annahme auf einmalige Verkaufs-Kampagnen möglicherweise zutrifft, ist bei regulären Geschäftsbetrieben mit einer Anlaufzeit von drei bis vier Jahren zu rechnen, bevor überhaupt Überschüsse erwirtschaftet werden. Meist sind dabei auch nach der Startphase die Synergien, die sich im Zusammenspiel der verschiedenen Arbeitsbereiche ergeben, bedeutender als die direkte Querfinanzierung der ideellen Arbeit. Hierbei stellt sich immer die Frage: Kann der Träger eine bessere ideelle Wirkung erzielen, wenn er die Ressourcen, die eine Geschäftsgründung erfordert, anders einsetzen würde? Wie dieses Verhältnis auch aussehen mag – in keinem Fall sind Geschäftsgründungen eine geeignete Strategie, um einen Träger aus akuter Finanzkrise herauszuholen.

Fehlannahme Nr. 2: Geschäftsbetriebe machen unabhängig

Obwohl klar ist, dass Organisationen mit mehreren Standbeinen weniger abhängig von einzelnen Förderern sind als solche, die auf eine Quelle setzen, ist dies nicht mit Unabhängigkeit zu verwechseln. Oft genug stoßen Träger bei ihren Aktivitäten auf dem freien Markt auf einen Handlungsdruck durch Kundschaft und Konkurrenz, der die Beziehung zu den härtesten Geldgebern noch in den Schatten stellt. Diese Fremdbestimmung durch den Markt stellt innerbetrieblich nur eine Verlagerung der Abhängigkeit dar, die die Umsetzung der Organisationsziele nicht unbedingt weniger, sondern vor allem anders beeinträchtigt.

In einer ersten Diskussionsrunde kann geklärt werden, dass für das sozio-kulturelle Zentrum »Corso« die Gründung eines Tagungshauses kein hinreichender Krisenplan ist. Auch die Vorstellung, dass die Overhead-Struktur des Zentrums mit der Geschäftsgründung »autark« wird, stellt sich bald als Wunschdenken heraus. Der Tagungshausbetrieb ist von so hoher Konkurrenz geprägt, dass Aufbau und Verwaltung des Betriebs mit hoher Wahrscheinlichkeit Energie von den anderen Programmbereichen des Zentrums abziehen werden. Dies muss nicht heißen, dass von der Geschäftsgründung per se abzuraten ist. Die Ziele der Gründung müssen jedoch über das Finanzierungsmotiv hinaus gedacht werden. Kurzfristig sind zudem weitere finanzielle Rettungsmaßnahmen angebracht.

Argumente für die Geschäftsgründung

Trotz der genannten Einschränkungen gibt es viele gute Gründe für den Aufbau von Projekten zur Eigenmittel-Erwirtschaftung. Sie lassen sich grob einteilen in die positive Wirkung auf die ideelle Arbeit, die finanzielle Stärkung der Träger und die Verbesserung ihres Zielgruppenbezugs.

Positive Wirkung auf die ideelle Arbeit

Wo inhaltliche Überschneidungen der ideellen Arbeit mit dem Geschäftsfeld bestehen, liegen die Vorteile für die Gründung entsprechender Projekte auf der Hand. Häufige Überschneidungen zwischen Programmarbeit und Geschäftsbetrieb sind die Ausbildung und Beschäftigung von Klientengruppen, der Absatz inhaltlich profilierter Produkte (etwa Fair-Trade-Ware oder Publikationen der politischen Bildung) und öffentliche Veranstaltungen im Bereich der Sozio-Kultur.

Eine weitere positive Wirkung auf die ideelle Arbeit des Trägers ergibt sich aus dem Zuwachs an Kompetenzen, der mit dem Marktgang einhergeht. Insbesondere in den Bereichen strategische Planung, Marketing, Risiko-Management und Controlling können oft positive Übertragungen in andere Programmbereiche gemacht werden. Zudem gibt der Aufbau eines Geschäftsbereiches Anlass zur Reorganisation des Trägers. Dies kann in Anbetracht des oft »wild gewachsenen« Innenlebens von Nonprofit-Organisationen eine große Chance sein.

Die Erhöhung des Eigenanteils in der Finanzierung bedeutet für einen Träger unzweifelhaft auch eine Verbesserung der Verhandlungsposition gegenüber Zuwendungsgebern. Die Verbreiterung der Ressourcenbasis wird in dem Maße wichtiger, wie Organisationen »Input«-Funktionen im politischen Prozess übernehmen, also etwa Lobbyarbeit oder Interessenvertretung betreiben. Das Problem »intermediärer Organisationen«, bei der Vermittlung zwischen verschiedenen gesellschaftlichen Interessensphären von einer Seite finanziell abhängig zu sein, ist hinlänglich bekannt und viel diskutiert worden. Der »Wes' Brot ich ess, des' Lied ich sing«-Effekt kann allerdings auch jenseits der direkten Abhängigkeit zum Tragen kommen. So sind projektfinanzierte Träger oft gezwungen, zum Erhalt der Organisation ihre Aktivitäten nach den Möglichkeiten des Fördermarktes zu profilieren. Dieser Opportunismus kann dann dazu führen, dass die Träger für ihre satzungsgemäßen Aufgaben keine Zeit und Ressourcen mehr aufbringen können. Ist dagegen eine Basisfinanzierung aus eigenen Mitteln gesichert, kann sich der Träger stärker auf die eigenen Prioritäten konzentrieren und die Interessen seiner Klientel ungetrübter vertreten.

Der Vorstand des soziokulturellen Zentrums erkennt in der Tagungshausidee trotz der entschärften Anfangseuphorie einige Vorteile für die inhaltliche Arbeit des Trägers. Zum einen können fremdveranstaltete Seminare und Fortbildungen im Tagungshaus auch ins Programmheft des Zentrums aufgenommen werden und bereichern so sein Profil. Zweitens ist abzusehen, dass die bestehenden Programmbereiche im Haus durch den Zuwachs an Marketingkompetenz und betriebswirtschaftlichem Know-how vom Tagungshausbetrieb profitieren können. Drittens nimmt die langfristige Stärkung der Eigenmittelbasis »Druck vom Ruder«, da die geringere Abhängigkeit von der Kommune es dem Zentrum ermöglicht, sich als Bürgervertretung direkter in die Kommunalpolitik einzumischen.

Finanzielle Stärkung der Organisation

Der Aufbau von Geschäftsbetrieben bringt trotz der gebotenen Bescheidenheit auch eine Reihe finanzieller Vorteile. Der offensichtlichste Punkt ist hier der mittelfristige Rückfluss von Gewinnen, sei es als Ausschüttung vorgelagerter Gesellschaften oder als Ergebnis interner wirtschaftlicher Aktivitäten. Entsprechende Einnahmen sind auch insofern attraktiv, als sie in der Verwendung weitgehend ungebunden sind. Während die direkte Querfinanzierung bei den meisten Trägern nicht mehr als 10 bis 15% des Gesamtbudgets beträgt, gibt es durchaus auch Organisationen mit Eigenfinanzierungsanteilen von 30 bis 50%. Träger, die diese Quote übertreffen oder sogar vollständig eigenfinanziert sind, finden sich fast nur im Bereich der Zweckbetriebe, da die Gemeinnützigkeit bei Überwiegen des wirtschaftlichen Geschäftsbetriebs gefährdet ist.

Darüber hinaus können durch die Umlage von Overhead-Kosten und die Vermietung oder Verpachtung von Räumlichkeiten und Betriebsmitteln an den Geschäftsbetrieb indirekte finanzielle Vorteile entstehen. Umgekehrt kann auch der Geschäftsbetrieb die Mitnutzung von Betriebsmitteln gestatten.

Als dritter Aspekt der finanziellen Stärkung kann die Eigenmittel-Erwirtschaftung auch den Zugang zu externem Kapital verbessern. Ein Geschäftsbetrieb eröffnet dabei nicht nur Optionen für Darlehen, Kredite und Beteiligungen durch Dritte, sondern gibt unter Umständen auch ein interessantes Profil für Zuwendungsgeber. So passt Eigenmittel-Erwirtschaftung beispielsweise gut zu dem in der Förderszene verstärkt gefragten Konzept der Nachhaltigkeit. Erwirtschaftete Einnahmen können überdies den oft notwendigen Anteil an Eigenmitteln bei Projektförderungen stärken.

Der Vorstand von »Corso« rechnet beim Aufbau des Tagungshauses nach einer An-laufzeit von drei Jahren mit einem Beitrag von 15% zur Finanzierung des Trägers durch direkte Überschüsse. Obwohl diese Summe nicht besonders hoch erscheint, wäre damit schon die Hälfte der Verwaltungskosten des Zentrums langfristig ge-sichert. Indirekte finanzielle Vorteile würden sich darüber hinaus durch Mietein-sparungen ergeben, da die Tagungshausleitung das Büro des Zentrums zur Hälfte mitnutzen und so zur Miete beitragen könnte. Schließlich wäre der Aufbau des Ta-gungshauses ein guter Aufhänger für einen umfangreichen Förderantrag, über den auch kurzfristig Mittel akquiriert werden könnten.

Verbesserter Zielgruppenbezug

In der Regel führt eine Geschäftsgründung im gemeinnützigen Kontext zu erhöhter Sichtbar-keit des Trägers. Dies liegt zum einen daran, dass Profiterwirtschaftung im Nonprofit-Kontext immer noch exotisch und damit für Medien interessant ist, zum anderen an den Marketing-aktivitäten, mit denen der Geschäftsbetrieb seine Angebote, gleichzeitig meist aber auch den Träger selbst bewirbt. Dieser Öffentlichkeits-Effekt kann besonders dann wichtig sein, wenn eine Organisation im ideellen Bereich mit wenig differenzierenden Merkmalen aufwarten kann (etwa als Anbieter gesetzlich weitgehend standardisierter sozialer Dienstleistungen).

Soweit die Zielgruppe des Geschäftsbetriebs mit der bestehenden Klientel des ideellen Be-reiches identisch ist, bringt der Geschäftsbetrieb eine Intensivierung der Kundenbeziehungen mit sich. Sowohl die Phase der Marktforschung und Businessplan-Entwicklung als auch das Marketing und der Angebotsprozess bedürfen einer Sensibilität für die Bedarfe und Meinun-gen der Klienten, die sonst im gemeinnützigen Bereich (u.a. aufgrund der Dreiecksbeziehung zwischen Kunden, Anbietern und Finanziers) selten anzutreffen ist. Diese Sensibilität kann auch das Programmangebot im ideellen Bereich positiv beeinflussen.

Sofern der Geschäftsbetrieb eine neue Zielgruppe anspricht, ergibt sich für die Organisati-on der Vorteil eines erweiterten Kontaktvorhofs. Der Kontaktvorhof ist vor allem für die Mobili-sierung von Ressourcen (etwa Engagement, Spenden und Know-how) wichtig, denn zufrie-dene Kunden sind potentielle Unterstützer.

In der Diskussion mit dem Team des Zentrums stellt der Vorstand noch weitere Vorteile der Gründung fest. Die Leiterin der Öffentlichkeitsarbeit ist begeistert, weil »Corso« mit dem Projekt einen guten Aufhänger für eine Öffentlichkeitskampagne hätte und die Teilnehmerlisten des Kursangebots die Kontakt-Datenbank des Zen-trums stetig erweitern würden. Die Kolleg/innen im Programmbereich erhoffen sich demgegenüber von einem Tagungshaus Angebote, die das Haus für die bestehende Nutzerschaft attraktiver machen und gleichzeitig neue Klientel ins Zentrum bringen.

Argumente gegen die Geschäftsgründung

Neben den Argumenten für eine Geschäftsgründung gibt es auch viele Gründe, Projekten zur Eigenmittel-Erwirtschaftung kritisch gegenüber zu stehen. Im Prozess der Entscheidungsfindung müssen diese Gründe genau auf ihre Stichhaltigkeit geprüft und mit den Argumenten für den Aufbau entsprechender Projekte in Abgleich gebracht werden. Dabei gilt es in der Regel zunächst, die unübersichtliche Mischung von politisch-ideologischen, fachlich-organisatorischen und mikropolitischen Motiven auf beiden Seiten zu sortieren.

Politisch-ideologische Gründe

In weiten Teilen der gemeinnützigen Szene finden sich als Grund für die Ablehnung von Geschäftsgründungen Vorbehalte gegen die »Kommerzialisierung« der Träger. Wirkte schon der »Kunden«-Begriff im Qualitätssicherungs-Diskurs elektrisierend, so fungiert der »Markt«-Begriff erst recht als Schwert, das die Geister im Nonprofit-Bereich scheidet. Der »Markt« als Antipode zum »Menschlichen«, als Ort der kalten Profitinteressen, lässt sich aus dieser Sicht kaum mit dem sozialen und politischen Anspruch der gemeinnützigen Welt versöhnen. Dieses Problem wächst mit der Rolle der weltanschaulich-politischen Bindung innerhalb der Organisation (ein gesellschaftskritisch orientiertes Projekt wird hier stärkere »Antikörper« entwickeln, als ein rein fachlich orientierter sozialer Dienstleister).

Entgegnen lässt sich diesen Bedenken, dass gemeinnützig verwurzelte Geschäftsbetriebe eben nicht allein dem profitmaximierenden Handeln folgen müssen, sondern einem Doppelziel folgen können, bei dem der Profit im Dienste ihres ideellen Zwecks steht. Entsprechende Modelle haben damit unter Umständen mehr mit den alternativen Wirtschaftsformen sozialer Utopien gemein als mit dem klassisch-kapitalistischen Unternehmensmodell. Diverse Beispiele zeigen, dass gerade dieses Doppelziel das Überleben der Projekte auf ausgewählten Märkten garantieren kann.

Die Berührungsangst gegenüber der Markt-Sphäre wird vielfach noch durch die Furcht verstärkt, mit der Eigenmittel-Erwirtschaftung dem voranschreitenden Sozialabbau Vorschub zu leisten. Diese Befürchtung wird durch die emotional stark aufgeladenen Fronten im Neoliberalismus-Diskurs erhärtet. Die Entlastung des Staates durch »proaktive Subsidiarität« spielt aus dieser Sicht dem neoliberalen Gesellschaftsentwurf in die Hände und befördert die voranschreitende Privatisierung gesellschaftlicher Systeme wie Kultur, Bildung und soziale Sicherung.

Das Entlastungs-Argument hat in der Tat einen Stachel. Gäbe es keine Alternative zur staatlichen Finanzierung dieser Bereiche, ließen sich die Kürzungen in den entsprechenden Budgets weniger leicht durchsetzen. Sind aber erst einmal Vorzeige-Projekte etabliert, die sich aus eigener Kraft tragen, können Anspruchsteller einfacher mit dem Verweis auf diese »Best Practices« abgewiesen werden. Dennoch wäre es in Anbetracht der laufenden gesellschaftlichen Reformprozesse, naiv, nicht nach Perspektiven für das nachhaltige Überleben gemeinnütziger Träger zu suchen. Dass es dabei nicht um 100%-ige Eigenfinanzierung gehen kann, sondern maximal um ein weiteres Standbein, versteht sich von selbst. Ebenso liegt auf der

Hand, dass Organisationen, die entsprechende Standbeine haben und nicht vollständig von öffentlicher Förderung abhängig sind, in den gesellschaftlichen Aushandlungsprozessen eine gestärkte Ausgangsposition haben.

Wie zu erwarten, regt sich im Zuge der Diskussion im Zentrum einiger Widerspruch gegen die Idee des Tagungshauses. Insbesondere eine Projektgruppe, die an der stadtweiten »Kampagne gegen Bildungs- und Sozialabbau« arbeitet, gibt zu bedenken, dass das Tagungshaus, wenn es primär als kommerzielles Projekt geplant ist, die politische Glaubwürdigkeit des Trägers im Kampf für die Wiederherstellung der institutionellen Förderung in Frage stellen und das Profil des Zentrums langfristig in negativer Weise vereinnahmen könnte.

Fachlich-organisatorische Gründe

Es ist immer noch eine verbreitete Meinung, dass profitorientierte Aktivitäten mit der Gemeinnützigkeit juristisch unvereinbar seien. Während diese Ansicht in ihrer Pauschalform falsch ist, weist sie auf eines der Hauptprobleme im Zusammenhang der Eigenmittel-Erwirtschaftung hin: die strenge und für Laien kaum überschaubare gesetzliche Reglementierung des Wirtschaftens im gemeinnützigen Bereich. Hier gilt es, im Vorfeld guten Rat einzuholen und die Informationen einem möglichst breiten Kreis von Mitgliedern in der Organisation zugänglich zu machen.

Ein weiterer häufiger Ablehnungsgrund ergibt sich aus der Furcht, durch Eigenfinanzierung bestehende Unterstützung zu verlieren, da Geldgeber im Falle höherer Eigenmittel geringere Fördersummen vergeben. Diese Furcht ist nur bedingt gerechtfertigt, da für viele Förderer eine nachhaltig wirtschaftende Organisation ein attraktiveres Finanzierungsfeld darstellt, als ein chronisch bedürftiger Träger. Diese Honorierung der Eigenmittel gilt in gleichem Maße für Stiftungen wie auch zunehmend für öffentliche Geldgeber.

Die meisten Nonprofit-Organisationen arbeiten permanent am Rande ihrer Kapazitätsgrenze oder ein Stück jenseits davon. In solch einer Situation Zeit und Mittel zu investieren, um ein neues Projekt aufzubauen und dauerhaft zu betreiben, ist nicht gerade einfach. Daher werden Ideen zur Selbstfinanzierung vielfach mit dem Hinweis auf fehlende Kapazitäten verworfen. Dies ist zwar verständlich, aber auch eine vergebene Chance. Denn selbst Geschäftsbetriebe, die keine großen Überschüsse erwirtschaften, tragen in der Regel mittelfristig durch Overhead-Beteiligungen zur Entlastung ihrer Träger bei.

Ein ähnliches Problem ergibt sich in Bezug auf Kompetenzen. Besonders bei kleinen Organisationen im gemeinnützigen Bereich herrscht ein Mangel an Know-how, insbesondere an betriebswirtschaftlichem und juristischem Grundwissen sowie an geschäftsrelevanten Branchenkenntnissen. In Anbetracht dieses Mangels wird die Idee der wirtschaftlichen Betätigung oft frühzeitig als chancenlos verworfen. Bei aller gebotenen Vorsicht beim Markteinstieg ist auch dieses Argument zweischneidig. Denn der qualitative Sprung, der sich mit dem Aufbau entsprechender Kompetenzen auch für die ideelle Arbeit erreichen lässt, kann die Investition in das Wissenskapital der Organisation durchaus rechtfertigen.

 *Weiterer Widerspruch kommt vom Kassenwart des Zentrums. Dieser gibt zu bedenken, dass der Betrieb eines Tagungshauses zum Zweck der Profiterwirtschaftung mit der Satzung des Zentrums möglicherweise nicht vereinbar sei. Die Risiken solch einer Unternehmung seien überdies enorm und es sei fraglich, ob »Corso« diese auf sich nehmen sollte. Darüber hinaus wird von den überarbeiteten Mitarbeiter/innen die Meinung geäußert, dass für den Aufbau eines Tagungshauses weder die Zeit noch das nötige Wissen vorhanden seien.*

Mikropolitische Gründe

Der Umbau zur partiellen Selbstfinanzierung und Marktorientierung bedeutet für eine Organisation einen umfassenden Veränderungsprozess. Damit reiht sich in die Liste der ideologischen und fachlichen Ablehnungsgründe auch noch das mikropolitische Motiv ein. Alle Veränderungen haben Gegner, denn sie sind eine Störung des Status quo und stellen bestehende Rangordnungen in Frage. Sei es, dass ein ehrenamtlicher Vereinsvorstand sich von den Ambitionen eines professionellen Geschäftsführers bedrängt sieht oder dass eine sozialpädagogisch orientierte Leitung die Entwertung ihrer Kompetenzen im Aufstieg einer betriebswirtschaftlich qualifizierten Führung fürchtet – die kleinste Verschiebung von Macht und Status innerhalb der Organisation kann erhebliche Widerstands-Energien freisetzen.

Der Umgang mit diesem Phänomen ist delikat. Mikropolitische Motive werden selten als solche benannt, sondern sind meist von vorgeschobenen praktischen Argumenten verdeckt. Wo sich eine Kette von immer neuen »Wir dürfen nicht«- und »Wir können nicht«-Begründungen ergibt, lohnt es sich daher, das Hinterland der Situation ein wenig genauer zu erkunden. Im Umgang mit mikropolitischen Motiven ergeben sich dabei zwei mögliche Strategien: Die kooperative Strategie baut auf eine offene Ansprache der Interessenkonflikte und einen moderierten Aushandlungsprozess, bei dem den Bedürfnissen und Ängsten der Beteiligten durch strukturelle Maßnahmen Rechnung getragen wird (etwa durch vertragliche Regelungen zwischen Vorstand und Geschäftsführung oder durch eine paritätische Besetzung der Leitungsgremien); die konfrontative Strategie begegnet der Mikropolitik dagegen mit Mikropolitik: Statt einer kooperativen Aushandlung werden Koalitionen und Rammböcke geschmiedet, um das Kräfteverhältnis in der Organisation zugunsten einer Durchsetzung der eigenen Position zu beeinflussen. Während die kooperative Strategie in der Regel die nachhaltigere ist, und die Kontinuität der Organisation in stärkerem Maße gewährleistet, führt die konfrontative Strategie zu einer schnelleren Entscheidung und oft (bisweilen auch durch die Abwanderung der »Besiegten«) zu einem extremeren Ergebnis.

Die stärkste Blockade gegenüber der Tagungshaus-Idee kommt von Seiten des Vorstandsvorsitzenden. Dieser springt wahlweise auf die Risikoargumente und die Argumente zum Mangel an Kapazität und Know-how an, und betont immer wieder, dass der Träger sich zuerst um seine angestammten Klienten kümmern müsse. In einer mühsamen Diskussion schält sich heraus, dass es dem Vorsitzenden in Wirklichkeit um etwas anderes geht: Er sieht das ohnehin schon prekäre Gleichgewicht zwischen Geschäftsführung und Vorstand durch das vom Geschäftsführer vorgeschlagene Tagungshaus-Projekt gefährdet, da er weiß, dass im Vorstand zur Zeit niemand den notwendigen betriebswirtschaftlichen und juristischen Sachverstand hat, das Projekt zu betreuen. Nachdem diese Befürchtung ausgesprochen ist, wird vereinbart, den Vorstand um mindestens zwei Personen mit entsprechenden Kompetenzen zu erweitern. Alle Beteiligten sind mit dieser Lösung einverstanden.

Pro	**Contra**
Inhaltliche Überschneidungen zwischen ideellem und wirtschaftlichem Bereich	Bedenken gegenüber der »Kommerzialisierung« des Trägers
Zuwachs an wirtschaftlicher Kompetenz im gesamten Träger	Ablehnung, aktiv am Sozialabbau mitzuwirken
Verbesserte Verhandlungsposition gegenüber öffentlicher Seite	Risiko, den Status der Gemeinnützigkeit zu verlieren
Rückfluss von Gewinnen aus Überschüssen des Geschäftsbetriebs	Risiko, Unterstützung von dritter Seite zu verlieren
Indirekte finanzielle Vorteile etwa durch gemeinsame Nutzung von Infrastruktur	Mangel an personellen Kapazitäten
Verbesserter Zugang zu externem Kapital	Mangel an Know-how
Erhöhte Sichtbarkeit des Trägers	Störung des bestehenden Machtgefüges
Intensivierte Beziehung zu den bestehenden Klient/innen	
Erweiterter Kontaktvorhof durch neue Zielgruppen	

Zielbestimmung

Sofern die vorgebrachten Argumente unter dem Strich für eine Geschäftsgründung sprechen, sind in einem zweiten Schritt die Ziele der Gründung zu bestimmen. Zur Bestimmung
der Ziele kann – je nach Ausgangssituation – ein ganzheitlicher Prozess oder aber ein analytisches Verfahren gewählt werden. Ganzheitliche Methoden, wie etwa die Zukunftswerkstatt,
generieren Lösungen im Kontext stimmiger Gesamtentwürfe und haben den Vorzug, dass
sie viel Kreativität und Motivation freisetzen. Analytische Verfahren zeichnen sich demgegenüber dadurch aus, dass sie Ziele schrittweise und realitätsbezogen entwickeln. Dabei können
langfristige Finanzierungs-, sowie Wachstums- und Entwicklungsziele zum Beispiel anhand
der oben genannten Vorteilskategorien bestimmt werden. Dies ist insbesondere bei kom-
plexen Ausgangssituationen und konkurrierenden Zukunftsbildern von Vorteil. In jedem Fall
ist es sinnvoll, möglichst breite Kreise der Organisation an dem Entscheidungs- und Zielfin-
dungsprozess direkt (in Workshops) oder indirekt (durch Repräsentation oder Befragung) zu
beteiligen.

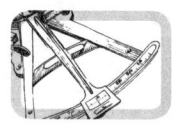

Zukunftswerkstatt

*Die Zukunftswerkstatt entstand Ende der 60er Jahre im Kontext basispolitischer
Gruppenarbeit. Die maßgeblich von Robert Jungk entwickelte Methode strukturiert
einen kollektiven Ideenfindungs- und Planungsprozess, der sich aus der kreativen
Spannung zwischen kritischem und utopischem Denken speist. Im Zusammenhang
mit der Geschäfts- und Projektentwicklung ist die Zukunftswerkstatt ein geeigneter
Rahmen, um breite Kreise der Organisation frühzeitig am Entscheidungsprozess zu
beteiligen und erste Ideenentwürfe zu entwickeln.
Die Zukunftswerkstatt läuft in drei Phasen ab:*

1. Kritikphase

*In dieser Phase soll eine möglichst umfassende, aber gleichzeitig präzise Kritik am
Status quo entstehen. Die Phase wird eingeleitet durch eine provozierende Leit-
frage der Moderation, die die Teilnehmenden dazu auffordert, Unmut und Ängste
in Bezug auf die bestehenden Verhältnisse auf Karten zu schreiben. Diese werden
vorgelesen, an einer Stellwand in Themenfelder sortiert und durch Punktverfahren
priorisiert. Es ist wichtig, dass die Beiträge kurz und konkret gefasst sind und dass in
dieser Phase noch keine Diskussion über die Kritikpunkte entsteht.*

2. Phantasiephase

*In der zweiten Phase soll die aufgedeckte Kritik ins Positive gewendet werden. Die
Teilnehmenden entwickeln in Kleingruppen zu den in der Kritikphase markierten
Problemfeldern positive Zukunftsentwürfe. Die finanzielle und politische Realisierbarkeit der Ideen steht hierbei zunächst nicht zur Debatte. Die Art der Präsentation
ihrer Utopien ist der Kreativität jeder Gruppe überlassen.*

3. Verwirklichungsphase

In der letzten Phase werden die Zukunftsentwürfe mit der Realität in Deckung gebracht. Zunächst werden die Utopien dabei auf ihre Realisierbarkeit unter den gegenwärtigen oder zu schaffenden Bedingungen überprüft. Die Gruppe identifiziert fördernde und behindernde Faktoren sowie Indikatoren für die Erfolgschance jedes Entwurfs. Als zweites werden Durchsetzungsstrategien entwickelt, mit denen die Ideen ganz oder in Teilen umsetzbar werden. Schließlich beschließt die Gruppe einen Aktionsplan, in dem die Umsetzung einzelner Strategien in möglichst konkreter Form festgehalten wird.

In der klassischen Form dauert die Zukunftswerkstatt drei Tage, wobei jede Phase an einem Tag stattfindet. Diese ausführliche Form entschärft die sonst unsanften Übergänge zwischen den Phasen, die je sehr unterschiedlicher Atmosphären bedürfen. Üblich sind allerdings auch zweitägige oder sogar eintägige Zukunftswerkstätten. Die optimale Teilnehmerzahl liegt zwischen 15 und 25 Personen, die von einem externen Moderator begleitet werden.

Analyse der Bezugsgruppen

Neben dem Abwägen von Argumenten und der Zielbestimmung ist es sinnvoll zu prüfen, wie eine Geschäftsgründung sich auf das Beziehungsgeflecht der Organisation als Ganze auswirkt. Oft wird davon ausgegangen, dass der Aufbau eines wirtschaftlichen Betriebes vor allem ein Kapazitätsproblem sei. Sofern genügend Zeit und Geld für die Anschubinvestition vorhanden seien, so der Irrglaube, könne der Betrieb eigenständig parallel zur gemeinnützigen Arbeit verlaufen, ohne dass sich dort wirklich etwas ändere. Tatsache ist, dass in den meisten Fällen mit einer Geschäftsgründung alles anders wird: Die Zusammensetzung von Engagierten, Mitarbeiter/innen und Vorstand, der Arbeitsalltag, die Anforderungen, die Atmosphäre und das Image der Organisation werden neu verhandelt und ändern sich zum Teil dramatisch. Wer also seine Organisation so erhalten will, wie sie ist, sollte sich die Gründung zweimal überlegen.

Eine nützliche Methode, um die Auswirkungen einer Geschäftsgründung auf die Bezugsgruppen des Trägers zu untersuchen, ist die Stakeholder-Analyse. Hierbei werden Interessen und Einflussmöglichkeiten einzelner Bezugsgruppen bestimmt, um Einbindungsstrategien in Bezug auf das Vorhaben zu formulieren.

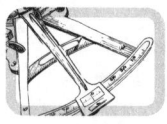

Stakeholder-Analyse

Stakeholder sind Bezugs- oder Anspruchsgruppen der Organisation, also Akteure (Individuen / Gruppen / Institutionen) die von den Aktivitäten des Trägers betroffen sind oder sie beeinflussen können. Die Stakeholder-Analyse ist eine systematische Erfassung dieser Bezugsgruppen und ihrer problembezogenen Interessen zur Entwicklung von Handlungsstrategien.

Schritt 1: Mind-Mapping

In einem Mind-Mapping-Prozess werden alle Stakeholder des Trägers aufgelistet. Die Grundstruktur Klient/innen (bzw. Kunden), Finanziers, Mitarbeiter/innen (bzw. Engagierte) und Partner ist dabei nur ein mögliches Ausgangsschema.

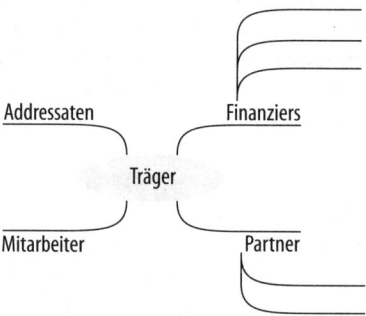

Schritt 2: Analyse

Als zweites werden die Interessen der Akteure am Problem / Thema / Projekt und der Einfluss, den sie auf den Ausgang haben, analysiert und bestimmt.

Akteur	Interesse	Bewertung	Einfluss	Bewertung
Max. 20 Akteure	• Was ist das Interesse des jeweiligen Akteurs in Bezug auf das Problem? • Wie stark ausgeprägt ist dieses Interesse?	1–5	• Inwiefern kann der Akteur das Problem beeinflussen? • Wie groß ist dieser Einfluss?	1–5

Schritt 3: Strategieplanung

In einem dritten Schritt werden Schlüsselakteure und Einbindungsstrategien bestimmt. Schlüsselakteure sind Stakeholder mit hohem Einfluss (4–5). Ggf. ergeben sich aus den Prioritäten der Organisation weitere Schlüsselakteure.

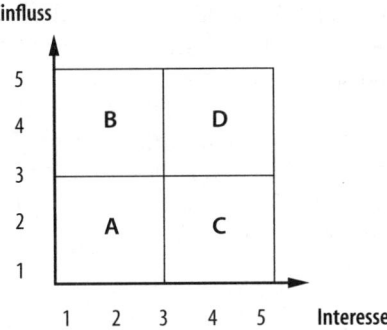

Die optimale Einbindungsstrategie ergibt sich aus Interesse und Einfluss des jeweiligen Akteurs.

A	Geringer Einfluss, geringes Interesse:	›	Monitoring
B	Hoher Einfluss, geringes Interesse	›	Konsultieren
C	Geringer Einfluss, hohes Interesse	›	Informieren
D	Hoher Einfluss, hohes Interesse	›	Beteiligen
A–D	Koalitionsbildung: Interessen bündeln		

Zusammenfassung

- Bei der Abwägung einer Geschäftsgründung im gemeinnützigen Kontext sind diverse Vor- und Nachteile zu berücksichtigen: Während schneller Profit und Unabhängigkeit der Organisation als Gründungsmotive oft überbewertet werden, können Geschäftsgründungen vor allem bei inhaltlichen Überschneidungen eine positive Wirkung auf die ideelle Arbeit haben. Sie stärken zudem die Organisation durch direkte und indirekte Finanzierung und eröffnen Zugang zu externem Kapital. Schließlich verbessern sie auch den Zielgruppenbezug der Träger durch Intensivierung und Aufbau von Kontakten.
- Argumente gegen Geschäftsgründungen verweisen unter anderem auf die drohende Abkehr von der ideellen Linie des Trägers, die Gefährdung der Gemeinnützigkeit sowie das Risiko des Scheiterns aufgrund fehlender Kapazitäten und mangelnden Know-hows. Darüber hinaus formiert sich bei Geschäftsgründungen oft mikropolitisch begründeter Widerstand, da die Sozialordnung eines Trägers in der Regel durch eine Geschäftsgründung gestört wird.
- Der Prozess der Zielbestimmung einer Geschäftsgründung kann durch ganzheitliche Verfahren, wie die Zukunftswerkstatt oder durch eine systematische Entwicklung von Zielen auf Grundlage der möglichen Vorteile einer Gründung erfolgen. In jedem Fall sollten möglichst breite Kreise der Organisation an diesem Prozess beteiligt sein.
- Ein nützliches Instrument um herauszufinden, wie die Geschäftsgründung das bestehende Beziehungsgeflecht des Trägers verändert, ist die Stakeholder-Analyse.

II. Ressourcenanalyse

Der JugendBildung e.V. ist ein freier Träger der Jugendhilfe mit Angeboten im Bereich Bildung und Beratung. Nach einer ausgiebigen Diskussion im Verein trifft der Vorstand die Entscheidung, verstärkt Projekte zur Eigenmittel-Erwirtschaftung aufzubauen. Während einige Mitglieder meinen, man könnte am besten mit IT-Dienstleistungen wie Fach-Recherche oder Databasing Geld verdienen, sind andere der Meinung, der Verein sollte sich auf das stützen, was er gut kann und lieber das Potential kommerzieller Bildungsangebote ausloten. Der Verein steht vor einer Reihe von Fragen:

- *Was sind die Ressourcen und Stärken des Trägers, auf denen er sein Angebot aufbauen kann?*
- *Wie weit soll sich der Verein mit seinen neuen Angeboten von seinen angestammten Arbeitsfeldern entfernen, sofern der Markt anderweitig Chancen bietet?*
- *Wie kann aus den verschiedenen Ideen zur Eigenmittel-Erwirtschaftung die beste herausgefiltert werden?*

Die Suche nach geeigneten Geschäftsfeldern zur Eigenmittel-Erwirtschaftung erfordert eine gesunde Mischung aus Kreativität und analytischer Disziplin. Von zentraler Bedeutung ist dabei die Orientierung an den Stärken und Ressourcen der Organisation, die systematisch auf ihre Verwertbarkeit als Grundlage für eine Geschäftsgründung untersucht werden. Der Prozess der Geschäftsfeldbestimmung beginnt daher mit einer Ressourcenanalyse, in der bestehende Kontakte, Kompetenzen und Kapazitäten des gemeinnützigen Trägers profiliert werden.

Markt- und Ressourcenorientierung

*Die Lehre vom strategischen Management teilt sich traditionell in zwei konkurrieren-
de Ansätze: den markt- und den ressourcenbasierten Ansatz. Der ersten Ausrichtung
zufolge ist Ausgangspunkt jeder erfolgreichen Unternehmensstrategie der Markt.
Wettbewerbsvorteile eines Unternehmens ergeben sich dabei durch seine Differenzierung vom bestehenden Produktangebot, sei es durch eine spezielle Qualität oder
durch einen besonders günstigen Preis. Die richtige Positionierung am Markt wird
damit zum strategischen Leitziel, dem sich das Innenleben der Organisation anzu-
passen hat.*

*Der ressourcenbasierte Managementansatz dagegen macht die Organisation selbst
zum Ausgangspunkt strategischer Überlegungen. Als wichtigste Ressourcentypen
werden dabei das soziale Kapital (die Kontaktbasis der Organisation und das Bezie-
hungsgefüge innerhalb und zwischen ihren Stakeholdergruppen), das Know-how
(die Kompetenz der Organisation, etwa als Wissen über die Erstellung von Dienstleistungen und Produkten) und die Kapazität (also das Verfügen über Finanzen, Personal und Anlagen), unterschieden. Wettbewerbsvorteile eines Unternehmens ergeben
sich aus der besonderen Beschaffenheit und optimalen Nutzung seiner Ressourcen,
aus denen sich die zu wählende Positionierung am Markt ableitet. Erkennung, Entwicklung und Einsatz von Kernkompetenzen spielen in diesem Zusammenhang eine
herausragende Rolle. Kernkompetenzen sind Fähigkeiten, die schwierig zu imitieren
sind, Zugang zu vielen verschiedenen Märkten sichern und maßgeblich zum Kundennutzen beitragen*

*Ein Betrieb, der durch Marktforschung ein lukratives neues Geschäftsfeld auftut und
daraufhin neue Maschinen, Mitarbeiter und das nötige Know-how einkauft um sich
als Anbieter auf diesem Feld zu positionieren, folgt dem marktbasierten Ansatz.*

*Ein Betrieb, der analysiert, worin er gut ist und welche Betriebsmittel und Kernkom-
petenzen er nutzen kann, um neue Geschäftsfelder erfolgreich zu erschließen, folgt
dagegen dem ressourcenbasierten Ansatz.*

Verankerte Entwicklung

In der Realität strategischer Entscheidungen sind ohne Zweifel immer beide Blickwinkel gefragt – der nach außen wie der nach innen gerichtete. In diesem Sinne sind Markt- und Ressourcenorientierung nicht alternativ, sondern als ergänzend zu verstehen. Dennoch sollte bei
Geschäftsgründungen im gemeinnützigen Kontext die Ressourcenorientierung im Vordergrund stehen. Die Nutzung der Kernkompetenzen wird dabei um so wichtiger, je weniger der
gemeinnützige Träger größere Investitionen und Risiken zu tragen in der Lage ist. Denn während die Orientierung am Markt oftmals höhere Gewinne verheißt, ist die Ausrichtung an den
bestehenden Ressourcen in der Regel mit geringerem Einsatzrisiko und niedrigeren Investitionskosten verbunden. Darüber hinaus verlangt eine konsequente Marktorientierung auch

ein Maß betrieblicher Flexibilität, in dem Zielgruppen, Arbeitsfelder und Mitarbeiter letztendlich austauschbar werden. Dass diese Forderung mit dem Selbstverständnis ideell verankerter
Organisationen und den Wertvorstellungen der Beteiligten in der Regel schwer vereinbar ist,
liegt auf der Hand.

Das Konzept der »verankerten Entwicklung« trägt der Ressourcenorientierung Rechnung,
indem es die Bestimmung des Geschäftsfeldes an den bestehenden Arbeitsfeldern und Angeboten des gemeinnützigen Trägers (den Produkten) und an seinen bestehenden Zielgruppen (den Märkten) orientiert.

Die Ansoff-Matrix

*Einer der Väter des strategischen Management ist der Russe Igor Ansoff. In seinem
Klassiker »Corporate Strategy« (1965) erläutert Ansoff vier grundlegende Entwick-
lungs- und Wachstumsstrategien, die sich aus der Orientierung an bestehenden und
zu erschließenden Produkten und Märkten eines Unternehmens ergeben:*

Märkte

	alt	neu
neu	Markt-erschließung	Diversi-fikation
alt	Markt-durchdringung	Produkt-entwicklung

alt   neu   **Produkte**

- *Marktdurchdringung: Das Unternehmen wächst mit den bestehenden Produkten
  in seinem aktuellen Marktsegment, indem es dort seinen Marktanteil erhöht.*
- *Markterschließung: Das Unternehmen erschließt neue Marktsegmente für seine
  bestehenden Produkte.*
- *Produktentwicklung: Das Unternehmen entwickelt neue Produkte für die Marktsegmente, in denen es bereits aktiv ist.*
- *Diversifikation: Das Unternehmen entwickelt neue Produkte für neue Märkte.*

Die von Ansoff beschriebenen Strategien lassen sich auch auf Geschäftsgründungen im gemeinnützigen Kontext übertragen.

Marktdurchdringung

In der klassischen Form ist das Ziel der Marktdurchdringung, den Marktanteil der Organisation in ihrem Segment zu erhöhen und eine bessere Auslastung der Angebote zu erreichen. Im gemeinnützigen Kontext kann die Orientierung an bestehenden Zielgruppen und Produkten darüber hinaus bedeuten, für bislang unentgeltlich zur Verfügung gestellte Leistungen nunmehr Entgelte zu veranschlagen. Dies trifft natürlich nicht immer auf Begeisterung innerhalb der Organisation und bei den Klient/innen, kann aber neben dem Einnahmeeffekt den wahrgenommenen Wert der Angebote und das Engagement ihrer Nutzer/innen steigern (so hat etwa ein Lehrgang mit geringer Teilnahmegebühr durch die Investition der Teilnehmenden in der Regel einen größeren wahrgenommenen Nutzen, als eine kostenlose Schulung). Gute Möglichkeiten für Strategien der Marktdurchdringung finden sich im Kultur- und Bildungsbereich.

 *Die Gefahr, zahlungskräftige Zielgruppen dabei bevorzugt zu behandeln, kann durch ein »sliding scale«-Modell verringert werden, bei dem der Preis für die angebotene Leistung mit den finanziellen Möglichkeiten der Kunden variiert.*

 *Der JugendBildung e.V. bietet einen eintägigen Computerkurs für Jugendliche an. Bislang wurde dieser Kurs kostenlos angeboten und über Fördermittel finanziert. Stattdessen nimmt der Verein von den 15 Teilnehmer/innen nun einen Beitrag von je 15 Euro. Die Kursleiterin erhält ein Honorar von 150 Euro, die verbleibenden 75 Euro fließen in Werbung und in die Verwaltung des Trägers. Das Angebot ist somit voll kostendeckend, liegt aber dennoch preislich deutlich unterhalb des kommerziellen Niveaus. Der bisher eingesetzte Zuschuss kann nun in anderen Programmbereichen verwendet werden.*

Produktentwicklung

Insbesondere im Sozialbereich besteht oft nicht die Möglichkeit, Programmangebote kostendeckend zu gestalten, da der Bedarf nach Leistungen nicht durch Kaufkraft untermauert ist und viele Leistungen andernorts kostenlos zu haben sind. In diesem Fall ist zu untersuchen, ob eine der bestehenden Zielgruppen des Trägers möglicherweise als Kundenkreis für andere entgeltliche Angebote in Frage kommt. Die besondere Nähe eines Trägers zu seinen Klient/innen ermöglicht es ihm dabei manchmal, maßgeschneiderte und attraktive Angebote zu machen.

 *Der JugendBildung e.V. kann im Programmangebot für sozialschwache Jugendliche nicht kostendeckend arbeiten, da für die Zielgruppe selbst 15 Euro als Kursgebühr nicht tragbar sind. Um diesen Bereich querzufinanzieren, überlegt das Team, an welcher Stelle mit dem bestehenden Inventar Geld erwirtschaftet werden kann. Im Ge-*

spräch mit den Jugendlichen stellt sich heraus, dass sie nicht unerhebliche Summen für Internet und Netzwerkspiele ausgeben. Durch die Einrichtung eines von 15–18h geöffneten Internet- und Spielecafés, bei dem die Jugendlichen pro Stunde 2 Euro zahlen, wird monatlich eine Summe von 600 Euro erwirtschaftet – genug, um die Dozentin für den wöchentlichen Computerkurs zu bezahlen.

Markterschließung

Sofern die etablierten Zielgruppen insgesamt nicht »kaufkräftig« (oder kaufwillig) sind, besteht auch die Möglichkeit, die bestehenden Produkte an andere Kundenkreise zu vermarkten. Dabei hilft der Kontaktvorhof der Organisation, Zugänge zu externen Zielgruppen herzustellen. Auch Kundenkreise, die den Bezugsgruppen des Trägers ähnlich sind, können sich als Zielgruppen für den Geschäftsbetrieb eignen, weil die Kenntnis des jeweiligen Milieus bereits einen Wettbewerbsvorteil darstellt.

Obwohl das Internetcafé beständig Geld für die Bildungsarbeit einspielt, befindet das Team des JugendBildung e.V., dass der Aufwand für Betreuung und Wartung in Anbetracht der geringen finanziellen Rückflüsse aus dem Projekt unverhältnismäßig hoch ist. Daher wird nach neuen Geschäftsfeldern gesucht, und zwar solchen mit kaufkräftigen Abnehmern. Versuchsweise bietet der Verein einem mittelständischen Unternehmen Mitarbeiterschulungen in seinen Räumlichkeiten an. Für einen Veranstaltungstag werden hier pauschal 1000 Euro veranschlagt, wovon 250 Euro an eine entsprechend qualifizierte Lehrkraft gezahlt werden und die restlichen 750 Euro den gemeinnützigen Bereich querfinanzieren.

Diversifikation

Schließlich kann es auch sein, dass weder die etablierten Zielgruppen, noch die bestehenden Angebote für eine Eigenmittel-Erwirtschaftung der Organisation in Frage kommen. In diesem Fall bietet es sich an, Geschäftsfelder zu suchen, die sowohl neue Produkte, als auch neue Märkte erschließen. Diversifikation bedeutet dabei, die Gewinnchancen, allerdings auch die Risiken eines Fehlschlages zu erhöhen.

Das JugendBildung e.V. Team merkt bald, dass der Markt für Computerkurse derart hart umkämpft ist, dass der Aufwand für Auftrags-Akquise unverhältnismäßig hoch ist. Da das Gewinnpotential im Firmenkundenbereich dennoch lockt, sucht das Team nach einer lukrativen Marktlücke für einen ausgelagerten Geschäftsbetrieb. Nach einiger Recherche wird beschlossen, Recherche- und Databasing-Dienstleistungen an Unternehmen zu vermarkten. Hierfür nimmt der Verein auf Honorarbasis zwei IT-Fachkräfte unter Vertrag, die jeweils 1000 Euro im Monat erhalten. Zusätzlich fallen rund 500 Euro im Monat an Büro und Sachkosten an. Wenn alles nach Plan läuft, nimmt der Geschäftsbetrieb 5000 Euro im Monat mit seinen Dienstleistungen

ein, macht also 2.500 Euro Gewinn, mit denen die Jugendarbeit finanziert werden kann. Wenn keine Aufträge hereinkommen, macht der Verein mit dem Betrieb 2.500 Euro minus im Monat. Da es eine Weile dauert, bis die nötige Produktkompetenz und der Bekanntheitsgrad auf dem Markt erreicht ist, rechnet das Team mit einer Anschubphase von mindestens 12 Monaten, also einer Startinvestition von 6.000 Euro.

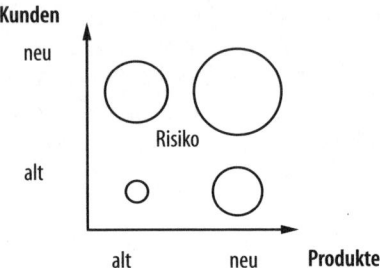

Risiko

Jede der vier skizzierten Strategien kann bei einer Geschäftsgründung die richtige sein. Einer der grundlegenden Unterschiede zwischen ihnen ist dabei der Risikograd. Während die Marktdurchdringung (alt-alt) mit dem geringsten Risiko, oft aber auch mit geringem Gewinnpotential verbunden ist, birgt die Diversifikation (neu-neu) unzweifelhaft das höchste Risiko und verspricht unter Umständen die höchsten Gewinne. Bei den beiden anderen Strategien ist das Verhältnis ausgewogener, wobei die Markterschließung allgemein als riskanter beurteilt wird als die Produktentwicklung, da Know-how einfacher einzukaufen ist als Zielgruppenzugänge.

Geschäftsfeldbestimmung

Der Prozess zur Bestimmung des Geschäftsfeldes ist nicht nur für den wirtschaftlichen Erfolg der Gründung entscheidend, sondern wirkt auch auf die Identifikation der Beteiligten mit dem Projekt ein. Daher ist eine gute Prozessgestaltung ebenso wichtig wie die Wahl geeigneter Entscheidungsgrundlagen. Im Folgenden wird ein dreischrittiges analytisches Verfahren zur Geschäftsfeldbestimmung erläutert. Im ersten Schritt erfolgt dabei eine Bestandsaufnahme der nützlichen Ressourcen des Trägers. Auf dieser Grundlage werden in einem zweiten Schritt mögliche Geschäftsideen gesammelt und priorisiert. Aus den drei erfolgsversprechendsten Ideen wird schließlich in einem strukturierten Erfolgs-Check die beste Alternative ausgewählt.

1. Bestandsaufnahme

Die Bestandsaufnahme soll ein Bild davon geben, über welche Ressourcen der Träger verfügt, die ihm Wettbewerbsvorteile auf dem Markt einbringen können. Hierbei stehen Kontakte, Kompetenzen und Kapazitäten im Vordergrund. Die Bestandsaufnahme kann im Projekt-Team erfolgen, sollte aber auf jeden Fall unterschiedliche Perspektiven der Organisation (Vorstand, Hauptamtliche, Klient/innen) einbeziehen.

- **Kontakte:** Die Bezugsgruppen (Stakeholder) des Trägers sind bei der Suche nach Geschäftsfeldern oft ein guter Ausgangspunkt, da die Organisation zu ihnen einen direkten Zugang herstellen kann. Als potentielle Kunden kommen dabei nicht nur die bestehenden Klienten in Frage, sondern auch andere Gruppen, wie etwa die Partner oder Geldgeber des Trägers. Bei der Bestandsaufnahme der Kontakte wird für jede Bezugsgruppe ein kurzes Profil erstellt, das ihre Bindung zur Organisation und ihr Potential als Zielgruppe skizziert. In Bezug auf das Potential ist vor allem zu erörtern, welche Bedarfe bestehen, die durch ein Angebot des Trägers abgedeckt werden könnten.

- **Kompetenzen:** Neben dem »Wen kennen wir?« stellt sich in der Bestandsaufnahme auch die Frage »Was können wir?«, denn das Geschäftsfeld sollte so gewählt sein, dass sich die Kompetenzen der Organisation darin nutzen lassen. Kompetenzen können sowohl in der Führung als auch in der Verwaltung und im fachlichen Bereich angesiedelt sein. Während einige Kompetenzen direkt mit einzelnen Personen zusammenhängen, ergeben sich viele erst aus dem Zusammenspiel der individuellen Fähigkeiten im System der Organisation. Die Liste der Kompetenzen kann zunächst lang sein, sollte aber in einem zweiten Schritt auf drei bis vier Kernkompetenzen zugespitzt werden.

- **Kapazitäten:** Bei der Erörterung der Kapazitäten stehen die personellen und finanziellen Ressourcen und die Ausstattung des Trägers mit materiellen und immateriellen Werten im Zentrum. In Bezug auf das Personal ist nicht nur entscheidend, wieviel Arbeitszeit die Organisation in den Aufbau des Geschäftsbetriebs investieren kann, sondern auch, wie es um personelle Kontinuität bestellt ist. Geschäftsbeziehungen brauchen lange Zeit und ein häufiger personeller Wechsel ist im Aufbau eines Betriebs oft unverträglich. Die Wahl des Geschäftsfelds wird auch von den finanziellen Kapazitäten des Trägers beeinflusst. Hier spielt vor allem die Fähigkeit zur Rücklagenbildung eine Rolle, da sie das mögliche Investitionsvolumen der Geschäftsgründung bestimmt. Weitere wichtige Größen sind die Budgetflexibilität und die materiellen Sicherheiten. Geschäftsgründungen sind kostspielig und meist mit unerwarteten Mehrausgaben verbunden, die oft nachträgliche und kurzfristige Kredit- und Darlehenstransfers zwischen Geschäftsbetrieb und Träger notwendig machen. Schließlich ist die sonstige Ausstattung der Organisation mit Immobilien, Fahrzeugen und Equipment, aber auch mit immateriellen »vermarktbaren« Werten (z.B. Marke, Reputation und Rechte) zu benennen.

Als zeitliches Minimum sollte ein hauptamtlicher Mitarbeiter zu 30 bis 50% auf mindestens ein halbes Jahr für den Aufbauprozess freigestellt werden. In kleinen Organisationen mit weniger als fünf Personen ist selbst dies oft unmöglich, sodass hier nach »pflegeleichten« Geschäftsfeldern gesucht werden muss.

Die Bestandsaufnahme ist nicht nur eine nützliche Grundlage zur Bestimmung des Geschäftsfeldes, sondern sollte auch als kritische Überprüfung der Frage genutzt werden, ob der Träger überhaupt »das Zeug« zu einer Geschäftsgründung hat. Sofern sich unter den Kontakten keine potentiellen Kundengruppen ausmachen lassen, die Organisation wenig nützliche Kernkompetenzen hat und ihre Kapazitäten bereits überlastet sind, sollte von einer Geschäftsgründung unter Umständen Abstand genommen werden. Solch eine Entscheidung fällt nicht immer leicht, ist aber zu diesem frühen Stadium immer noch einfacher zu fällen als im späteren Prozess. Allerdings muss ein lückenhaftes Ressourcen-Profil nicht immer zum Abbruch der Suche führen. Fehlende Kontakte, Kompetenzen und Kapazitäten können zum Beispiel durch Partnerschaften mit anderen Trägern oder Unternehmen ausgeglichen werden. Ebenso ist es möglich, die zeitintensive und finanziell riskante Gründungsphase zu überspringen und einen bestehenden Betrieb oder ein Franchise zu übernehmen. Sofern Betriebsmittel, aber keine personellen Kapazitäten zur Verfügung stehen, empfiehlt sich gegebenenfalls auch die Verpachtung von Räumen, Anlagen oder auch Rechten.

Partnerprogramme »Affiliate Programmes«

Partnerprogramme können für Träger mit viel Online-Publikumsverkehr eine einfache und lukrative Art sein, Geld zu verdienen. Das Grundprinzip ist dabei eine Verlinkung der eigenen Webseite mit der Seite des Partnerunternehmens, durch die potentielle Kunden auf die Partnerseite geführt werden. Dabei stehen generell drei Varianten zur Wahl:

- *pay-per-click: Für jeden Klick, der von der Webseite des Trägers auf die Seite des Partnerunternehmens kommt, wird ein fester Betrag gezahlt.*
- *pay-per-sale: Für jeden Verkauf eines Produktes des Partnerunternehmens, der von der Seite des Trägers initiiert wird, erhält dieser eine Umsatzprovision. Die Provision beträgt in der Regel zwischen 5 und 15% des Verkaufspreises (abhängig von der Verkaufsmenge)*
- *pay-per-lead: Für das Ausführen bestimmter Aktionen (z.B. Erstanmeldung oder Ausfüllen eines Formulars), die durch die Seite des Trägers vermittelt werden, zahlt das Partnerunternehmen dem Träger einen Festbetrag.*

Im Rahmen eines Pay-Per-Sale-Vertrags erhält die **Parkinson Hilfe Sachsen-Anhalt** *für den Kauf eines Buches bei Amazon, der von der Webseite des Trägers aus initiiert wird, eine Umsatzprovision von 5%.*

Partnerprogramme und Konditionen im Überblick:

www.partnerprogramme.com; www.partner-programme.de/

2. Ideen-Sammlung

Auf Grundlage der Bestandsaufnahme werden im zweiten Schritt mögliche Geschäftsideen in Form eines Brainstorming gesammelt. Dies kann wiederum im Projektteam oder im erweiterten Kreis stattfinden. Je heterogener die Gruppe dabei ist, desto breiter wird der entworfene Ideenraum. Die Moderation dieser Runde erfordert ein gewisses Feingefühl, da die Ideen einerseits frei und kreativ gesammelt werden, andererseits der Bezug zur Bestandsaufnahme stets gewahrt bleiben soll. Eine Möglichkeit, diese Balance zu halten besteht darin, das Brainstorming durch die Ergebnisse der Bestandsaufnahme zu fokussieren, also beispielsweise für jede identifizierte potentielle Kundengruppe und für jede Kernkompetenz eine separate Ideensammlung anzuregen. Zu jeder Idee sollte dabei zumindest das Produkt, die Zielgruppe und der mögliche Kundennutzen benannt werden.

Die gesammelten Ideen werden zur Bewertung einer Portfolio-Analyse unterzogen und damit priorisiert. Die bei der Analyse verwendeten Kriterien sollten gemeinsam festgelegt und gegebenenfalls gewichtet werden. Mögliche Kriterien sind unter anderem:
- die Passung der Geschäftsidee mit dem Profil des Trägers
- die Möglichkeit zur Nutzung für das Geschäftsfeld relevanter Kontakte, Kompetenzen und Kapazitäten
- das Profitpotential der Geschäftsidee
- die Konkurrenzsituation im Geschäftsfeld

Die Bewertungen werden in einer Matrix zusammengestellt und verglichen. Die drei höchstbewerteten Ideen werden im folgenden einer tieferen Analyse unterzogen.

	Idee 1	*Idee 2*	*Idee 3*	*Idee 4*	*Idee 5*
	EDV-Schulung Jugendliche	*Internet und Spielecafé*	*EDV-Schulung Betriebe*	*IT-Dienstleistungen*	*...*
Passung mit Trägerprofil	5	3	3	1	
Ressourcennutzung	4	4	4	2	
Profitpotential	1	1	4	5	
Konkurrenz-Situation	1	2	2	3	
Gesamtpunktzahl	11	10	13	11	

Bewertungskriterium: 1 Punkt = schlecht / 5 Punkte = gut

Eine übersichtliche Darstellungsform der Analyse-Ergebnisse ist die Portfolio-Matrix. Sie ordnet die Ideen in einem zweidimensionalen Raster, z.B. nach Attraktivität und Passung an. Die Werte ergeben sich aus einer Summe zusammengehöriger Einzelkriterien (z.B. Profilpassung und Ressourcennutzung als Passungskriterien, Profitpotential und Konkurrenzsituation als Attraktivitätskriterien). Dabei ist zu entscheiden, ob die Passung oder die Attraktivität eines Geschäftsfeldes letztendlich höher zu bewerten ist.

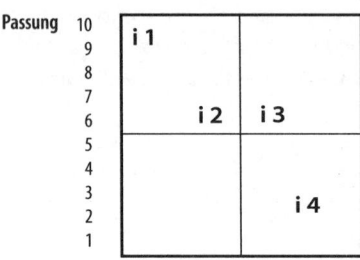

3. Erfolgs-Check

Die drei identifizierten Alternativen werden im Folgenden auf ihre Machbarkeit und Marktchancen untersucht. Da eingehende Machbarkeits- und Marktstudien in der Regel aufwendig sind, findet an dieser Stelle zunächst nur ein grober Erfolgs-Check statt, anhand dessen die Geschäftsideen verglichen werden, um die beste Alternative für eingehende Untersuchungen auszuwählen.

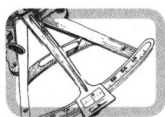

Geschäftsideen Screening
Produktbeschreibung:
- *Können wir das Produkt klar beschreiben?*
- *Wissen wir, wie wir es produzieren werden?*
- *Wissen wir, welchen Nutzen das Produkt für die Abnehmer hat?*

Zielgruppenbeschreibung:
- *Sind die Zielgruppen identifiziert?*
- *Haben wir Zugänge zu diesen Zielgruppen?*
- *Gibt es Anzeichen dafür, dass die Zielgruppen an dem Produkt interessiert sind?*
- *Haben wir ein Verkaufskonzept?*
- *Entwickelt sich die Nachfrage der Zielgruppe positiv?*
- *Wissen wir, worauf die Zielgruppe Wert legt?*

Wettbewerbsvorteile:
- *Baut das Produkt auf unseren Kernkompetenzen auf?*

- *Können wir das Produkt effizient herstellen und absetzen?*
- *Kennen wir die Konkurrenz auf unserem Markt?*
- *Ist es schwer für andere Anbieter, unser Angebot zu imitieren?*
- *Gibt es einen Grund warum Kunden unser Produkt vorziehen würden?*
- *Haben wir die Unterstützung unserer Schlüssel-Stakeholder?*

Geschäftsmodell:
- *Gibt es Anzeichen dafür, dass unsere Zielgruppe für das Produkt Geld ausgeben wird?*
- *Können wir die Finanzierung der notwendigen Start-up-Kosten aufbringen?*
- *Kennen wir die minimale Verkaufsmenge, um ein kostendeckendes Angebot zu machen?*
- *Können wir die Schwächen des Trägers in Bezug auf die Idee ausgleichen?*
- *Können wir den Bedarf an qualifiziertem Personal decken, der mit der Gründung entsteht?*

Nach Larson (2002)

Eine Möglichkeit zur Auswahl der besten Idee besteht darin, die Antworten durch Punkte zu quantifizieren (z.B. 1 = gar nicht, 5 = total), die zum Vergleich der einzelnen Ideen summiert werden. Auf Grundlage dieser Beurteilung ergibt sich die Entscheidung für eine der drei Alternativen oder aber eine »No-Go«-Entscheidung, bei der alle Ideen verworfen werden und der Prozess zur Ideengenerierung zurückgeht.

Zusammenfassung

Die Bestimmung des Geschäftsfeldes orientiert sich an den Ressourcen der Organisation, insbesondere an ihren bestehenden Zielgruppen und Angeboten.

Grundsätzlich bieten sich vier Strategien zur »verankerten Entwicklung« von Geschäftsbetrieben an: Während bei der »Marktdurchdringung« für bestehende Produkte gegenüber den etablierten Zielgruppen des Trägers Entgelte erhoben werden, können den bestehenden Kunden durch »Produktentwicklung« auch neue Angebote gemacht werden. Will der Träger an seinen Produktkompetenzen festhalten, kann er durch »Markterschließung« seine bestehenden Angebote neuen (zahlungskräftigen) Zielgruppen unterbreiten. Schließlich kann er die Strategie der »Diversifikation« wählen und attraktive neue Angebote an neue Zielgruppen vermarkten.

Eine umfassende Variante der verankerten Geschäftsfeldbestimmung baut auf den Kontakten, Kompetenzen und Kapazitäten der Organisation auf. Auf Grundlage einer entsprechenden Ressourcenanalyse werden dabei Geschäftsideen gesammelt und systematisch ausgewertet. Im Vordergrund stehen bei der Bewertung die Attraktivität des Geschäftsfeldes und seine Passung mit dem Trägerprofil.

III. Marktanalyse

Der in der Flüchtlingsberatung tätige Verein Grenzgänger e.V. hat auf Grundlage einer Ressourcen-
analyse befunden, dass zum wichtigsten Kapital des Vereins neben den attraktiven Räumlichkeiten
in Innenstadtlage der interkulturelle Hintergrund der Mitglieder zählt. Auf Grundlage einer Ideen-
sammlung beschließt das Team, eine Mittagstisch-Kantine mit internationalem Flair zu eröffnen.
Um zu bestimmen, wie der Geschäftsbetrieb aufzubauen ist, muss das Projekt-Team zunächst eini-
ge Fragen zur Marktsituation erörtern:

- *Mit wie vielen Gästen kann der Betrieb rechnen?*
- *Welche Angebote und welches Ambiente ziehen Kunden an?*
- *Wie kann das Angebot optimal beworben werden?*
- *Was ist ein angemessener Preis für das Essen?*

Sobald das angestrebte Geschäftsfeld identifiziert ist, muss entschieden werden, wie sich der
Träger am Markt aufstellt, also exakt welche Produkte er welchen Kundengruppen in welcher
Form anbieten will. Hierfür ist es sinnvoll, zunächst Marktforschung zu betreiben, um die potentiellen Kunden und Konkurrenten genauer unter die Lupe zu nehmen. Sofern das Produkt-
profil bereits feststeht, kann die Marktanalyse dafür genutzt werden, das Marktsegment mit
der optimalen Passung von Produkt und Bedarf auszuwählen und die richtige Markstrategie
zu bestimmen.

Marktforschung

Entscheidungsträger in gemeinnützigen Trägern sind oft zögerlich dabei, Zeit und Geld für Marktforschung zu investieren – zum einen weil beides chronisch knapp ist, andererseits auch, weil in dieser Form der Marktorientierung die vielgefürchtete Abkehr von der ideellen Ausrichtung seinen konkretesten Ausdruck findet. Unabhängig von solchen Konflikten muss der zu erwartende Nutzen die Kosten einer Marktanalyse rechtfertigen. Marktforschung sollte daher immer entscheidungsrelevant geplant werden. Wo Investitionskosten und Risiken niedrig sind und Träger bereits ein gutes Verständnis vom anvisierten Geschäftsfeld haben, kann gegebenenfalls direkt zur Formulierung der Marktstrategie übergegangen werden. Auch dort, wo Entscheidungen aufgrund fixer Rahmenbedingungen bereits feststehen, ist eine Erforschung der Alternativen wenig sinnvoll. In den meisten Fällen ist die Marktanalyse jedoch hilfreich und anzuraten, um kostspielige Fehltritte bei der Geschäftsgründung zu vermeiden. Der zeitliche Aufwand eines Marktforschungsprojektes lässt sich kaum einheitlich beziffern, da er stark von der Breite und Tiefe der Analyse abhängt. Im Mittel kann bei einer sorgfältigen Studie für eine neues Geschäftsfeld mit lokalem Markt von 50–100 Arbeitsstunden ausgegangen werden, wobei der größte Anteil in der Datenerhebung besteht. Viele Unternehmen beauftragen mit der Marktforschung externe Forschungsinstitute und Beratungsfirmen. Kosten für entsprechende Dienstleistungen liegen in der Regel bei oben genanntem Umfang mindestens bei 2.000 bis 5.000 Euro. Soweit es sich beim angestrebten Kundenkreis um bereits bestehende Bezugsgruppen des Trägers handelt, ist dabei zu bedenken, dass der kurze Draht zu den potentiellen Kunden im Falle einer solchen Fremdstudie weitgehend ungenutzt bleibt.

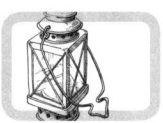 *Eine Möglichkeit, externe Hilfe in Anspruch zu nehmen, ohne dabei die Zielgruppennähe aufzugeben, ist die Einbindung von Studierenden im Rahmen von Diplom- oder Projektarbeiten und die Kooperation mit Unternehmen, die als Sponsoring oder Spende einzelne Mitarbeiter/innen für befristete Zeit an gemeinnützige Träger »ausleihen« (dieses sogenannte »Secondment« ist in den USA relativ verbreitet und kommt auch in Deutschland zunehmend zur Anwendung).*

Informationsquellen

Im allgemeinen wird bei der Marktforschung zwischen Primär- und Sekundärdaten unterschieden. Während Primärdaten durch die direkte Befragung und Beobachtung entstehen, werden Sekundärdaten aus bestehenden (internen und externen) Quellen recherchiert. Da Sekundärdaten einfacher und billiger zu erlangen sind, beginnt die Marktanalyse meist mit einer Sekundärstudie. Primärdaten werden dann in einem zweiten Schritt zur Vertiefung und Schärfung der Analyse erhoben.

Sekundäranalyse

Die nützlichste Quelle für die Erhebung von Sekundärdaten ist ohne Zweifel das **Internet**. Der schier unendliche Informationsreichtum des Netzes wird dabei zunehmend durch zwei Probleme begrenzt: Erstens sind die gesuchten Daten im täglich wachsenden Informationsdickicht nicht immer leicht aufzufinden; zweitens ist die Qualität und Glaubwürdigkeit der Daten schwer einzuschätzen, da keine Instanz ihre Korrektheit überprüft. Gezielte Suchstrategien über Online-Fachjournale und Branchen-Organisationen sind daher oft zuverlässigere und schnellere Suchstrategien zur Marktforschung als allgemeine Anfragen bei Suchmaschinen.

Umfangreiche Branchen-Statistiken sind über Wirtschafts- und Fachverbände (etwa die Industrie- und Handelskammer, Handwerkskammern und Innungen), Forschungsinstitute, Existenzgründungszentren sowie Ämter und Behörden (Wirtschaftsämter, statistische Ämter und Register) erhältlich. Darüber hinaus geben viele Kreditinstitute und Versicherungen periodisch Branchenberichte heraus. Eine gute Ressource stellen etwa die Branchenrundbriefe der Genossenschaftsbanken dar.

www.guss-net.de
   Branchenspezifische Broschüren des GUSS Existenzgründungszentrums (zum Download im Service-Menü)
www.vr-westfalen.de
   Branchenrundbriefe der Volks- und Raiffeisenbanken
   (Mit Anmeldung im Menü »Branchencomputer«).

Primäranalyse

Die häufigste Form der Primäranalyse ist die Befragung von Branchenexperten, potentiellen Kunden und Stakeholdern des Trägers.

- Bei der **Befragung von Branchen-Experten** (etwa Mietgliedern von Beratungs- und Gründungszentren, Industrieverbänden, der Fachpresse und Behörden) sollten das Marktprofil, die Wettbewerber, die vorherrschenden Geschäftsmodelle und Besonderheiten der angestrebten Branche abgefragt werden.
- Die **Befragung potentieller Kunden** sollte Bedarf und Qualitätskriterien, die bevorzugten Kommunikationskanäle, das Konsum- und Kaufverhalten und die Preisvorstellungen der Befragten ergründen. Es ist dabei hilfreich, zurückliegendes Verhalten und nicht nur Intentionen abzufragen, um Verzerrungseffekte zu vermeiden (also etwa »Wie viele verschiedene Anbieter haben Sie im letzten Monat genutzt?« statt »Würden Sie den Anbieter bei einem guten Produktangebot wechseln?«).
- Bei der **Befragung von Stakeholdern** des gemeinnützigen Trägers (etwa Geldgebern, Partnern und Zulieferern), können Gestaltungsansprüche und die Unterstützungsbereitschaft der Bezugsgruppen abgefragt werden.

- Obwohl die **Befragung der Konkurrenz** ein problematisches Unterfangen ist, treffen gemeinnützig verwurzelte Geschäftsbetriebe auch hier oft auf erstaunliche Offenheit, entweder weil sie als Konkurrenten nicht ernst genommen werden, oder weil die Befragten Sympathie mit dem ideellen Ziel der Träger haben. Sofern die Geschäftsbetriebe aufgrund ihres steuerbegünstigten Rahmens allerdings als unlauterer Wettbewerb empfunden werden, findet sich oft auch die gegenteilige Haltung.

Zur Forschungsmethodik existiert eine Menge praktischer und theoretischer Literatur. Daher soll im Folgenden nur ein roher Überblick zu den gängigsten Methoden der Marktforschung gegeben werden.

- Die einfachste und verbreitetste Form der Befragung ist der **Fragebogen**. Dieser kann per e-mail, im Direktkontakt oder auch online administriert werden. Optimal sind 10 bis maximal 20 Fragen, von denen nicht mehr als die Hälfte ohne vorformulierte Antwortkategorien (»offen«) gestellt sein sollte. Gängige Rücklaufquoten von schriftlichen Befragungen in der Marktforschung liegen bei etwa 5%. Vorkontakte, persönliche Überreichung der Fragebogen und Anreize können diese Quote allerdings erheblich steigern.
- Einen tieferen Einblick in die Ansichten des Befragten gewähren **Interviews.** Sie können »face to face« oder telefonisch durchgeführt werden. Dabei sind 15 bis 20 Minuten Gesprächszeit bei »kalt« akquirierten Interview-Partnern oft das tolerierte Maximum. Am besten eignen sich bei der Akquise Empfehlungen von Bezugspersonen.
- Eine verbreitete Form der Primärdaten-Erhebung sind **Fokusgruppen**. Eine Fokusgruppe ist eine moderierte Diskussion von sechs bis zehn Teilnehmer/innen mit vergleichbarem Erfahrungshintergrund, die sich über ein klar definiertes Thema austauschen. In der Marktforschung werden Fokusgruppen oft eingesetzt, um Kunden und Stakeholder gebündelt zu befragen. Vorteile der Methode gegenüber dem Einzelinterview sind der geringere Aufwand und die durch die Perspektivenkonfrontation oft tiefergehenden Ergebnisse.

Neben der Befragung kommt auch die Beobachtung von Kunden und Konkurrenten in der Marktforschung zum Einsatz.

- Die Beobachtung der Konkurrenz ist eine der wichtigsten Quellen, um einen Markt zu verstehen und aus Fehlern und Erfolgen anderer zu lernen. Eine harmlose und gängige Form der »Spionage« ist dabei die **getarnte Nutzung** des Angebots der Wettbewerber.
- Die Beobachtung der eigenen potentiellen Kunden lässt sich dagegen am besten durch **Pilotprodukte** (sogenannte »Beta-Versionen« oder Prototypen) auf einem begrenzten Testmarkt vornehmen.

Datenfelder

Die Marktanalyse beginnt in der Regel mit einer Eingrenzung des Marktes, die die Bestimmung des **»Marktvolumens«** für ein bestimmtes Produkt erlaubt. Das Marktvolumen bezeichnet die Absatzmenge, die von allen Anbietern des Produktes in einem bestimmten Zeitraum auf einem eingegrenzten Markt abgesetzt wird. Der aus dieser Absatzmenge zu errechnende Nachfragewert gibt Aufschluss darüber, wie hoch die möglichen Umsätze eines Anbieters bei Erreichung eines bestimmten Marktanteils liegen. Das Marktvolumen lässt sich aus vergangenheitsbezogenen Anbieter-Daten, oder aber durch eine Einschätzung der Nachfragesituation bestimmen. Neben dem Nachfragewert ist auch die marktübliche Gewinnspanne eine entscheidende Größe. Sie beschreibt die relative Höhe der Differenz zwischen Einnahmen und Herstellungskosten in der jeweiligen Branche und gibt somit Auskunft darüber, wie lukrativ ein Markt ist.

Der Grenzgänger e.V. will den Mittagstisch in einem ungenutzten Teil seiner Räumlichkeiten in der Innenstadt anbieten. Der relevante Markt für das Produkt beschränkt sich damit auf die Berufstätigen in der unmittelbaren Umgebung der Kantine. Da Zahlen über die Umsätze der vier bestehenden Lokale im Viertel schwer zu bekommen sind, errechnet das Team das Marktvolumen aus der Nachfrage-Situation: Vom Wirtschaftsamt ist zu erfahren, dass im Einzugsbereich bei rund 120 Firmen insgesamt 1.500 Personen arbeiten. Das Team geht davon aus, dass zwei Drittel dieser Beschäftigten Mittagstisch-Angebote in Anspruch nehmen. Das wöchentliche Marktvolumen beträgt damit 5.000 Mahlzeiten, was bei einem Durchschnittspreis von 6 Euro einen Nachfragewert von 30.000 Euro pro Woche bedeutet. Der Grenzgänger e.V. würde somit bei dem angestrebten Marktanteil von 20% (was einer Anteilsgleichheit aller fünf Konkurrenten im Viertel entspräche) einen Jahresumsatz von rund 300.000 Euro erzielen. Die in der Mittagstisch-Gastronomie üblichen Gewinnspannen liegen sehr niedrig – im allgemeinen beträgt die Umsatz-Rentabilität der Geschäfte nicht mehr als 10–15%. Die jährliche Gewinnerwartung aus dem Mittagstisch-Geschäft liegt somit bei 30–45.000 Euro. Der Erlös aus Getränkeverkäufen kann diese Summe in Anbetracht der höheren Gewinnspannen durchaus verdoppeln.

Neben dem Marktvolumen ist auch die **»Segmentierung«** des Marktes von Interesse. Ein Marktsegment ist eine Gruppe potentieller Käufer, die bestimmte Merkmale gemein haben. Die Segmentierung lässt sich nach verschiedenen Kriterien vornehmen, deren Wahl sich aus der Beschaffenheit des geplanten Angebots ableitet:
- Demographische und sozio-ökonomische Faktoren (Alter, Ausbildung, Familienstand, Einkommen, Beruf)
- Im Geschäftskunden Bereich (»B2B«): Firmencharakteristika (Größe, Branche, Ort etc)
- Geographische Faktoren (Region, Stadt / Land)
- Psychographische Faktoren (Einstellungen, Werte, Lebensstile)
- Kaufverhalten (Einkaufsvolumen und -frequenz, bevorzugter Verkaufskanal, Preissensitivität, Verkäuferbindung)

Jedes Kundensegment wird in Profil, Umfang und Kaufverhalten beschrieben. Im Anschluss wird der Produktnutzen für die jeweilige Zielgruppe beschrieben und die Zahlungsbereitschaft quantifiziert.

Der Grenzgänger e.V. findet in der Analyse des Marktes heraus, dass die potentiellen Kunden sich nach drei relevanten Kriterien unterscheiden lassen: dem Einkommen (niedrig, mittel, hoch), dem Alter (bis 30, 30–50 und über 50) und der Anbieterbindung (Stammkunden und »Wechsler«). Während das Einkommen eine Auswirkung auf Preissensitivität und Konsumumfang hat, beeinflusst das Alter vor allem das bevorzugte Ambiente und wirkt auf die Anbieterbindung ein. Durch Interviews und Beobachtung werden die einzelnen Segmente profiliert.

In einem dritten Schritt wird die **Konkurrenz** auf dem Markt unter die Lupe genommen. Hierbei ist es wichtig, zwischen direkten und indirekten Konkurrenten zu unterscheiden. Direkte Konkurrenten sind Anbieter von Produkten, die dem eigenen Angebot gleichen oder ähnlich sind. Indirekte Konkurrenten sind Anbieter von Produkten, die den Bedarf nach dem angebotenen Produkt auf andere Weise ersetzen (Videoverleiher sind beispielsweise indirekte Konkurrenten von Kinobetreibern). Oft werden indirekte Konkurrenten übersehen, da sie meist aus einer anderen Branche stammen. Es ist daher hilfreich, in der Konkurrenz-Analyse die Bedarfsperspektive des Kunden einzunehmen. Die Konkurrenten werden nach der Sammlung anhand verschiedener beim Kauf entscheidender Kriterien (etwa dem Markenimage, der Qualität, dem Preis und der Produktpalette) beschrieben und gegenübergestellt. Diese zeigt auf, wo die jeweiligen Stärken und Schwächen der Anbieter liegen, und wo Lücken und Nischen im Angebot auf dem bestehenden Markt sind.

Die Konkurrenten des Grenzgänger e.V. sind die bereits im Viertel bestehenden vier Restaurants. Indirekte Konkurrenten sind dabei Imbiss-Stuben, die rund 20% des Marktes bedienen. Aus den Interviews der Marktforschung ist zu erkennen, dass die vier Hauptkriterien bei der Wahl des Mittagstisches Qualität, Preis, schneller Service und das Vorhandensein von Außenplätzen sind. Bei der Gegenüberstellung der vier Restaurants zeigt sich, dass es keine billigen Anbieter mit Außenplätzen im Viertel gibt. Der Verein erkennt hier eine Nische.

	Qualität	Preis (durchschn.)	Schneller Service	Außenplätze
Indisches Restaurant	++	€ 6,00	10 Min	Ja
Asia Stübchen	+	€ 3,50	5 Min	Nein
Altdeutsches Wirtshaus	++	€ 6,50	15 Min	Nein
Italienisches Restaurant	+++	€ 7,50	15 Min	Ja

Sowohl auf Nachfrageseite als auch in Bezug auf die Anbietersituation wird abschließend eine Prognose über die **Marktentwicklung** unternommen. Hierbei sind sowohl quantitative wie auch qualitative Trends zu bestimmen. Insbesondere sollte bestimmt werden:

- Wachstum / Schrumpfung der Nachfrage
- Entwicklung neuer Marktsegmente
- Veränderung der Bedarfe / Ansprüche auf Kundenseite
- Zunahme / Abnahme des Angebots
- Entwicklung neuer Produktionstechnologie
- Verlagerung auf neue Vertriebskanäle und Geschäftsmodelle (z.B. Online-Handel, Mailorder, Partnerschaften etc.)

Marktstrategie

Die in der Markt-Analyse gewonnenen Erkenntnisse über Kunden und Konkurrenten bilden die Grundlage für den Plan zur Positionierung des Geschäftsbetriebs auf seinem angestrebten Markt. Hierbei sind die Zielgruppen, die Positionierung sowie die Preis- und Vertriebsstrategie zu bestimmen. Besonderes Augenmerk muss dabei auf die Verbindung zwischen dem gemeinnützigen Bereich und dem Geschäftsbetrieb gelegt werden. Die Marktstrategie wird vom Projekt-Team, gegebenenfalls mit Hilfe externer Beratung formuliert.

Zielgruppen

Man kann nicht allen alles verkaufen. Das Geheimnis des Verkaufs besteht darin, gezielte Angebote zu machen. Die beschriebenen Marktsegmente müssen daher bewertet und priorisiert werden. Es kann dabei sinnvoll sein, den zu analysierenden Markt mehrdimensional darzustellen, also verschiedene Segmentierungen bei der Unterscheidung von Kundengruppen zu kombinieren.

Bei der Wahl der Zielgruppen stehen drei Kriterien im Vordergrund:

- Zum einen muss bei der Zielgruppe eine Nachfrage (also ein von Kaufkraft untermauerter Bedarf) nach dem Produkt bestehen.
- Zweitens sollte das Marktsegment groß genug sein, um ein hinreichendes Einnahmevolumen auch bei geringem Marktanteil zu ermöglichen.
- Schließlich braucht die Organisation Zugänge zu den Zielgruppen, also funktionierende Kommunikations- und Distributionskanäle.

Bei der Zielgruppendefinition ist zu beachten, dass Käufer nicht immer identisch mit Konsumenten bzw. Nutzern von Produkten sind. So sind die Käufer von Kinderkleidung meist Eltern, die Käufer von Büromaterial in der Regel Einkaufsleiter/innen usw. Während sich das Marketing immer an beide Gruppen richten muss, ist dabei vor allem der Zugang zu den Personen wichtig, die die Kaufentscheidung fällen.

Der Grenzgänger e.V. sieht in der Zielgruppe der Anbieter-Wechsler das größte Potential zum Markteinstieg, weil das Stammkundengeschäft längerer Aufbauzeit bedarf. Da bei jungen Leuten der Anbieterwechsel am häufigsten ist, zielt der Verein auf unter 30jährige Kunden. Aufgrund seines ideellen Anspruchs und der besseren Zugänge beschließt er, dabei das Segment der Wenigverdiener in den Fokus zu nehmen.

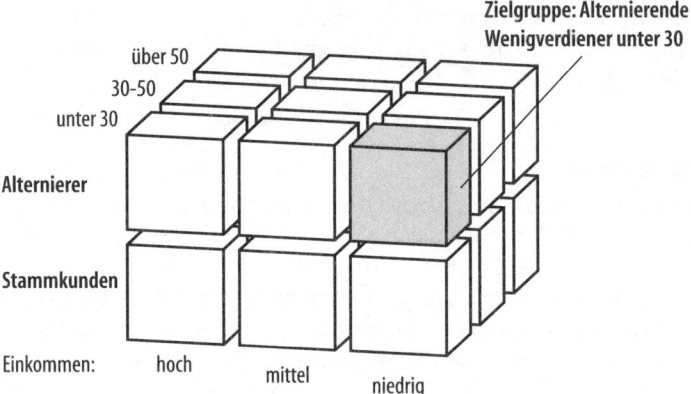

Insbesondere für kleine Unternehmen bietet sich oft eine **Nischenstrategie** an. Das Unternehmen wählt dabei ein Marktsegment mit sehr speziellen Bedarfen oder Kaufverhalten und versucht, dieses Segment besser zu bedienen als bestehende Anbieter. Meist sind diese Nischen für große Anbieter zu klein und nicht lukrativ genug, um das Produkt und die Vermarktung darauf einzustellen.

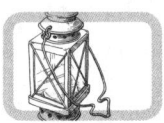

Bei der Definition von Zielgruppen ist es hilfreich, die 80/20 Regel zu beachten. Sie besagt, dass Unternehmen in der Regel 80% ihrer Umsätze durch 20% ihrer Kunden machen. Es ist daher sinnvoll, die möglichen »Kernkunden« besonders genau zu profilieren und ihnen einen speziellen Platz im Marketingplan einzuräumen.

Positionierung

Die Positionierung beschreibt, wie das Angebot am Markt plaziert und gegenüber konkurrierenden Produkten abgegrenzt wird. Die klassischen **Differenzierungen** sind hier Preis und Qualität (entweder ein Angebot ist besonders günstig oder es ist besonders gut). Der vom Kunden wahrgenommene Wert eines Angebots wird allerdings maßgeblich auch durch vermittelnde Faktoren wie Lage, Bequemlichkeit, Loyalität und Barrieren bei Anbieterwechsel beeinflusst. Die Wahrnehmung des Wertes ist für jede Zielgruppe einzeln zu bestimmen und sollte entsprechend beworben werden. Die Darstellung des Produktnutzens nennt man im Marketing das Wert-Angebot (»Value-Proposition«).

Eine wichtige Frage bei der Bestimmung der Marktstrategie für Angebote gemeinnützig verwurzelter Geschäftsbetriebe ist die **Betonung des ideellen Anspruchs.** Bei der Frage, in welcher Form der gemeinnützige Zweck in das Wertangebot eingebunden wird, ist zu beachten, dass unterschiedliche Zielgruppen dem gemeinnützigen Bereich eine je unterschiedliche Offenheit entgegenbringen. So stellt die Verbindung zum gemeinnützigen Träger und die ideelle Verwendung der Gewinne für Kunden aus der gemeinnützigen Szene meist eine Wertsteigerung dar. Für Kunden im Geschäftsbereich bedingt diese Anbindung dagegen oft eine Wert-Minderung, weil mit der gemeinnützigen Sphäre vielerorts eine geringe Produktqualität assoziiert wird. Die Kommunikation der ideellen Anbindung muss also zielgruppengenau erfolgen.

Die gemeinnützige Verwurzelung sollte dabei nicht das Hauptargument im Wert-Angebot sein. Zwar gewinnen Kriterien wie soziale und ökologische Verträglichkeit von Produkten in der Kaufentscheidung an Bedeutung. Insbesondere in Bezug auf externe Zielgruppen darf das ideelle Kaufmotiv allerdings nicht überbewertet werden. Verbraucher-Umfragen zufolge rangiert das Kriterium »Gute Tat« nach Qualität und Preis bei der Kaufentscheidung von »Mainstream«-Kunden nur auf Platz drei. Die Toleranz für schlechte Qualität und fehlenden Service sinkt dabei proportional mit dem Abstand zur ideellen Szene. Bei fehlender Produktqualität oder überteuerten Preisen bleibt es somit in der Regel beim Einmalkauf. Dennoch kann auch bei Zielgruppen, für die das Preis-Leistungsverhältnis im Vordergrund steht, die ideelle Anbindung als positive Differenzierung gegenüber vergleichbaren Angeboten dienen.

Aufbauend auf den Profil- und Kundennutzen-Beschreibungen ist die **Kommunikationsstrategie** zu definieren, die bestimmt, über welchen Kanal, mit welchen Botschaften und mit welchen konkreten Aktivitäten die einzelnen Zielgruppen erreicht werden.

Preisstrategie

Ein wichtiges Element der Marktstrategie ist die Preisstrategie. Preise können einerseits durch die Ermittlung der Kosten und Aufschlag einer angemessenen Gewinnspanne bestimmt werden, oder aber durch eine Verortung im bestehenden Preisgefüge des Marktes. Ausschlaggebend kann auch die in der Marktforschung ermittelte Zahlungsbereitschaft der Kunden sein.

Zur Differenzierung von Preisen gibt es verschiedene Möglichkeiten. Eine Staffelung nach Zielgruppen gibt das »Sliding Scale«-Modell vor, bei dem Preise nach den finanziellen Möglichkeiten der Kunden auf Grundlage von Selbstzuordnung variieren. Eine andere Möglichkeit bieten Sondertarife für bestimmte Zielgruppen (wie etwa Erwerbslose, Rentner, Schüler etc.). Eine zeitliche Staffelung ergibt sich durch Vorverkaufsangebote, Frühbucherrabatte und Skonto-Regelungen (bei denen Abschläge für frühe Zahlungen gewährt werden). Eine Differenzierung nach Kaufvolumen bieten Mengenrabatte und Treueprämien. Als pauschaler Rabatt bietet sich schließlich ein Einführungspreis in der Startphase des Betriebs oder eines Produktes an. In Bezug auf die Preisstrategie haben gemeinnützig verwurzelte Geschäftsbetriebe trotz steuerlicher Vergünstigungen der Träger in der Regel einen Nachteil gegenüber privatwirtschaftlichen Anbietern. Der Nachteil ergibt sich aus der verbreiteten Erwartung, dass sich der ideelle Anspruch der Träger grundsätzlich in einem niedrigen Preisniveau ihrer Betriebe widerspiegeln müsse. Ein Preis, der bei einem privatwirtschaftlichen Anbieter als normal gelten würde, wird bei einem ideell verwurzelten Anbieter somit oft als überhöht empfunden. Ein prominentes Beispiel sind Stadtteil- und Projektcafés, denen häufig der ideelle Ausverkauf vorgeworfen wird, sobald ihre Preise (insbesondere der standardgebende Bierpreis) ein mehr als kostendeckendes Niveau erreichen.

Dass mit ideellem Anspruch hergestellte Produkte und Dienstleistungen in der Produktion oft teurer sind als industrielle Massenware, hat sich vor allem in Bezug auf Fair-Trade- und Öko-Produkte mittlerweile herumgesprochen. Die Auswirkungen des ideellen Anspruchs in Bezug auf eine soziale Personalpolitik und auf den erhöhten Betreuungsaufwand etwa bei Ausbildungs- und Arbeitsförderungsprojekten werden dagegen gerne vergessen. Unter Umständen müssen Geschäftsbetriebe entsprechende Zusammenhänge und die mit ihnen verbundenen Preiseffekte offensiv kommunizieren.

Vertriebsstrategie

Die Vertriebsstrategie bestimmt, wie die Angebote des Geschäftsbetriebs seine Abnehmer erreichen sollen. Mögliche Vertriebskanäle sind Direkt-Verkauf (Tür zu Tür oder auf der Straße), Online- und Telefon-Vertrieb, Verkauf im eigenen Laden und Zwischenhändler. Oft ist eine Zwischenhändler-Lösung mit Provisionszahlungen einfacher als der Aufbau eines eigenen Vertriebssystems. Für den Online-Vertrieb stehen neben der Möglichkeit zur klassischen Zahlung auf Rechnung umfangreiche »e-commerce-Lösungen« zur Auswahl, die die Direktzahlung auf der eigenen Webseite ermöglichen.

Zusammenfassung

Zur Bestimmung der Marktstrategie des zu gründenden Betriebs wird auf Grundlage des identifizierten Geschäftsfeldes eine Marktanalyse vorgenommen.

Der Prozess der Marktforschung beginnt mit einer Datenbank-Recherche zum angestrebten Geschäftsfeld (Sekundäranalyse), auf der gezielte Befragungen in Form von Interviews, Fokusgruppen oder Fragebögen aufgebaut werden (Primäranalyse). Im Fokus stehen dabei die Profile der potentiellen Kunden und der Konkurrenten eines eingegrenzten Marktes in ihrer mittelfristigen Entwicklung.

Bei der Bestimmung der Marktstrategie werden auf Grundlage der Marktanalyse die Zielgruppen des Geschäftsbetriebs, seine Positionierung am Markt sowie die Preis- und Vertriebsstrategie festgelegt. Eine entscheidende Rolle spielt in diesem Zusammenhang das Verhältnis des Betriebs zum ideellen Bereich. Der gemeinnützige Kontext sollte dabei als Verkaufsargument nur selektiv eingesetzt werden, da er außerhalb bestimmter Nischenmärkte meist mit verminderter Produktqualität und allgemein mit einem Niedrigpreis-Angebot assoziiert wird.

IV. Konstruktion

Der Verein »Ökowelt e.V.« hat sich entschlossen, sein Programmspektrum durch einen Fachverlag für umweltpolitische Literatur zu ergänzen. Der Verlag soll eigene und fremdverfasste Sachbücher herausgeben und an Bildungseinrichtungen und Fachkreise vermarkten. Das mit der Gründung beauftragte Projekt-Team steht vor der Frage, wie der Verlag im Rahmen des Vereins anzusiedeln ist:

- *Kann der Betrieb innerhalb des Vereins als Zweckbetrieb geführt werden oder würde er als wirtschaftlicher Geschäftsbetrieb die Gemeinnützigkeit des Trägers gefährden?*
- *Würde sich eine Auslagerung als GmbH anbieten? Welche steuerlichen Konsequenzen hätte dies?*
- *Und schließlich: Wie soll der Verlag gesteuert werden, sodass er genügend Flexibilität hat, sich auf den Markt einzustellen, ohne sich dabei zu weit vom Verein zu entfernen?*

Bei der Strukturierung von Aktivitäten zur Eigenmittel-Erwirtschaftung im gemeinnützigen Kontext stehen zwei grundsätzliche Konstruktionsentscheidungen an: Einerseits muss die Frage der Rechtsform geklärt werden. Hier steht zur Debatte, ob die wirtschaftlichen Aktivitäten innerhalb des gemeinnützigen Trägers eingegliedert sein sollen oder ausgelagert werden. In beiden Fällen stehen verschiedene Rechtsformen zur Wahl. Als Zweites stellt sich die Frage der Steuerung. Hier steht eine Reihe von Modellen zur Verfügung, die sich vorwiegend im Grad der Zentralisierung und Spezialisierung der Steuerungsfunktionen unterscheiden.

Rechtsform

Die erste Frage bei der Wahl der Rechtsform des zu gründenden Geschäftsbetriebs betrifft seine Anbindung. Hier stehen die beiden Alternativen »Eingliedern« und »Auslagern« zur Diskussion.

Eingegliederter Geschäftsbetrieb

Bei der eingegliederten Variante ist der Geschäftsbetrieb im Rahmen des gemeinnützigen Trägers (i.d.R. des Vereins oder auch einer gemeinnützigen GmbH oder Stiftung) angesiedelt und wird von der ideellen Arbeit vornehmlich buchhalterisch, ggf. auch organisatorisch getrennt. Die wirtschaftlichen Aktivitäten werden dabei – je nach ihrer Nähe zu den satzungsmäßigen Aufgaben des Trägers – als steuerbegünstigter »Zweckbetrieb« oder als voll steuerpflichtiger »wirtschaftlicher Geschäftsbetrieb« geführt. Eine ausführliche Erläuterung zu den vier steuerlichen Bereichen (ideeller Bereich, Zweckbetrieb, wirtschaftlicher Geschäftsbetrieb und Vermögensverwaltung) findet sich in Kapitel acht.

Träger e.V.			
Ideeller Bereich	Zweckbetrieb	wirtschaftlicher Geschäftsbetrieb	Vermögens- verwaltung

Bei eingegliederten Geschäftsbetrieben ist auch die Bündelung der wirtschaftlichen Aktivitäten zu klären. Hier bestehen wiederum zwei grundsätzliche Alternativen: In der integrierten Form finden die wirtschaftlichen Aktivitäten innerhalb der »regulären« Abteilungen bzw. Arbeitsbereiche des gemeinnützigen Trägers als sogenannte »Nebeneffekte« statt und werden lediglich buchhalterisch separat geführt (die Abteilungs- und Steuer-Organigramme des Trägers sind somit nicht deckungsgleich). Dies ist etwa der Fall, wenn im EDV-Zentrum eines Bildungsträgers gewerbliche Aufträge bearbeitet werden oder wenn in einer Beratungsstelle Getränkeverkauf stattfindet. In der gebündelten Form sind die wirtschaftlichen Aktivitäten dagegen als Abteilung/en (bzw. Kostenstellen oder sogar Profit Center) mit eigenen Leitungsstrukturen zusammengefasst. Diese Entkopplung bewirkt zwar eine gewisse Spaltung des Gesamtsystems, vermeidet dafür aber die sonst häufigen Rollen- und Leitungskonflikte in der Organisation, da die Abteilungen in sich homogener sind.

Denkbar ist bei der Wahl der eingegliederten Variante auch eine Umwandlung bzw. Übertragung, in deren Rahmen der gemeinnützige Träger sich auflöst und seine Geschäfte auf einen neu gegründeten Träger überträgt. So kann beispielsweise ein Verein sämtliche Vermögen, Rechte, Pflichten und Rechtsbeziehungen (im Sinne der nach dem Umwandlungsrecht geltenden »Gesamtnachfolge«) an eine neu gegründete Stiftung übertragen.

Will sich ein Verein in eine gGmbH umwandeln, bietet es sich an, zunächst einen weiteren Verein als Gesellschafter zu gründen. Dieser kann als Satzungszweck die Förderung der gGmbH haben und muss selbst keine weiteren Programmaktivitäten aufweisen.

Der Ökowelt e.V. entschließt sich, den Verlag zunächst im Vereinsrahmen zu belassen. Da die Satzung des Vereins Aufklärung und Information zum Thema Ökologie umfasst, kann der Verlag als Zweckbetrieb gelten. Die Verlagsarbeit unterscheidet sich allerdings so stark von der ideellen Bildungsarbeit des Vereins und den zum wirtschaftlichen Geschäftsbetrieb rechnenden Aufträgen im Recherchebereich, dass es sinnvoll erscheint, eine eigenständige Abteilung für den Verlag zu gründen, die als Kostenstelle geführt wird.

Ökowelt e.V.			
Ideeller Bereich	Zweckbetrieb	wirtschaftlicher Geschäftsbetrieb	Vermögens- verwaltung
Bildungsarbeit	***Verlag***	*Recherche gegen Honorar*	*Vermietung Gewächshaus*

Kostenstellen und Profit-Center

Im Nonprofit-Bereich hat sich in den letzten Jahren verstärkt das Konzept der Kostenstellen-Rechnung etabliert. **Kostenstellen** *(Cost Center) sind nach funktionalen, organisatorischen oder räumlichen Aspekten abgegrenzte Leistungs- bzw. Verantwortungsbereiche eines Trägers, denen die von ihnen verursachten Kosten buchhalterisch zugerechnet werden. Neben den Einzelkosten (die direkt im Cost Center entstehen) werden dabei auch die Gemeinkosten (etwa die Verwaltung des Trägers) anteilig auf die einzelnen Cost Center aufgeschlüsselt. Dies macht eine Erfassung der Realkosten einzelner Leistungen und Aktivitäten möglich und liefert eine transparente Grundlage für das Controlling und die strategische Planung der Organisation. Die Kostenstellen-Rechnung ist besonders dann nützlich, wenn für bisher institutionell subventionierte Angebote kostendeckende Preise eingeführt werden, was vor allem im sozialen Dienstleistungsbereich zunehmend der Fall ist. Ein positiver Kosteneffekt entsteht zusätzlich dann, wenn jedes Cost Center die Budget-Hoheit über seinen Bereich innehat, also befugt ist, Dienstleistungen auch extern zu beziehen, die auf dem freien Markt günstiger zu erhalten sind, als in der organisationsinternen Gemeinkosten-Verrechnung.*

Viele Unternehmen führen neben den Kosten auch die Einnahmen in den einzelnen Leistungsbereichen (den sogenannten »Profit Centern«) separat. Profit Center sind nach den oben beschriebenen Kriterien strukturierte Organisationseinheiten, die neben der Kosten- auch eine eigene Erlösverantwortung haben. Das Profit Center kann dabei seine Einnahmen auf dem freien Markt oder in organisationsinternen Leistungsbeziehungen erzielen. Prinzipiell ist es damit eine Art »internes Tochterunternehmen«, das seine Gewinne (oder Verluste) an die Mutterorganisation abführt. Dies kann in der strategischen Planung dazu genutzt werden, profitable Bereiche auszubauen und unprofitable Aktivitäten abzustoßen. Allerdings ist auch die Subventionierung eines unprofitablen Unternehmensteils gängig, wenn hierdurch strategische Ziele der Organisation erreicht werden (etwa die Präsenz in einem Prestige- oder Wachstumsmarkt oder die Sicherung von Arbeitsplätzen in Krisenzeiten). Im Nonprofit-Bereich können durch diese Form der Querfinanzierung zuschussbedürftige ideelle Aktivitäten des Trägers unterstützt werden (nicht jedoch Geschäftsbetriebe).

Die verschiedenen Arbeitsbereiche eines Trägers lassen sich mit Schellenberg (2001) in eine Matrix einordnen, die zwischen ihrer ideellen Bedeutung und dem Grad ihrer Kostendeckung (»Profit-Grad«) unterscheidet.

- *Die vorteilhaftesten Arbeitsbereiche sind dabei diejenigen mit hoher ideeller Bedeutung und hohem Profit-Grad. Sie lassen sich als »Nirwana Geschäftsfelder« bezeichnen. Gut laufende Zweckbetriebe fallen zum Beispiel in diese Kategorie.*
- *Geschäftsfelder mit hohem Profit-Grad und geringer ideeller Bedeutung sind »Cash-Kühe«. In der Regel handelt es sich dabei um freistehende wirtschaftliche Geschäftsbetriebe oder ausgelagerte GmbHs, die allein zu Finanzierungszwecken betrieben werden.*
- *Ideell bedeutsame Bereiche mit geringem Profit-Grad werden (etwas unromantisch) als »Cash-Fresser« bezeichnet. Die satzungsmäßigen Programmaktivitäten eines gemeinnützigen Trägers fallen in der Regel in diese Kategorie.*
- *Problematisch sind Arbeitsbereiche, die weder ideelle Bedeutung haben, noch Gewinne abwerfen. Diese »Kropf Geschäftsfelder«, etwa fehlgeschlagene Geschäftsgründungen oder satzungsfremde Programmaktivitäten, gilt es in der Regel abzustoßen.*

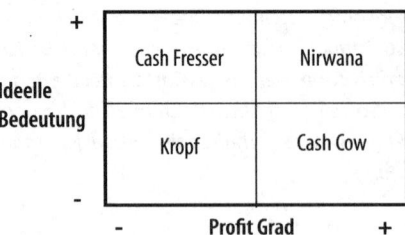

Ausgelagerter Geschäftsbetrieb

Ausgelagerte Geschäftsbetriebe können freistehend oder als Tochtergesellschaft der gemeinnützigen Träger gegründet werden. Während bei der freistehenden Variante die Bindung zwischen Träger und Ausgründung in der Regel durch die Personenidentität von Mitgliedern bzw. Mitarbeiter/innen gewahrt wird, besteht zwischen Träger und Tochtergesellschaft eine finanzielle und teilweise organisatorische Verstrickung. Die häufigste Form der Auslagerung von Geschäftsbetrieben im gemeinnützigen Kontext ist die Ausgründung einer GmbH.

Ausgründung einer GmbH

Bei der GmbH-Ausgründung werden die wirtschaftlichen Aktivitäten in eine »Gesellschaft mit beschränkter Haftung« verlagert, deren einziger oder anteiliger Gesellschafter der gemeinnützige Träger ist. Das Modell zeigt die gebräuchlichste Konstruktions-Variante, bei der ein Verein 100%iger Gesellschafter einer GmbH ist.

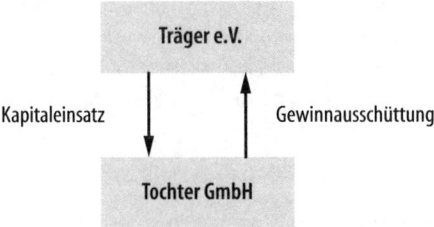

Das bei der Gründung einer nicht gemeinnützigen Gesellschaft eingesetzte Kapital darf dabei nur aus den freien Rücklagen des gemeinnützigen Trägers stammen. Wird dagegen eine gemeinnützige Gesellschaft ausgegründet, besteht mehr Spielraum beim Kapitaleinsatz. Die Gewinne der GmbH fließen als Ausschüttungen anteilig an die Gesellschafter. Beim gemeinnützigen Träger werden diese Zuflüsse abhängig vom Einfluss, den er in der Steuerung der Gesellschaft ausübt, entweder als Gewinne aus wirtschaftlichem Geschäftsbetrieb (bei ausgeübtem Steuerungseinfluss) oder als Vermögensverwaltung (wenn kein Steuerungseinfluss ausgeübt wird) verbucht.

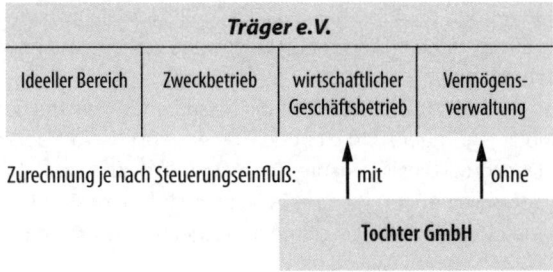

 *Die von der Tochtergesellschaft abzuführende Steuersumme kann reduziert werden, indem die Tochter an den gemeinnützigen Träger Miet- und Pachtzahlungen abführt und so ihre Gewinne verringert. Üblicherweise beziehen sich solche Verträge auf die Überlassung von Betriebsmitteln oder Werberechten. Diese Zahlungen sind für die GmbHs Betriebsausgaben und zählen für die gemeinnützigen Träger als Einnahmen aus Vermögensverwaltung. Sie bleiben also für beide Seiten unbesteuert. Diese Form der Gewinnreduzierung durch Zahlungen zwischen Gesellschaft und Gesellschafter ist auch in der freien Wirtschaft nicht unüblich, allerdings müssen entsprechende Pachtzahlungen unbedingt marktüblichen Konditionen entsprechen, da sonst die Grenze zur illegalen »verdeckten Gewinnausschüttung« übertreten wird.*

Der Vorstand des gemeinnützigen Trägers fungiert bei der GmbH-Ausgründung als Gesellschafterversammlung der Tochtergesellschaft und beaufsichtigt deren Geschäftsführung. Sind an der Gesellschaft noch andere Träger oder Personen beteiligt, entsendet der Vorstand (je nach Anteil) Vertreter in die Gesellschafterversammlung. Eine gemeinsam geführte GmbH kann zum Beispiel fruchtbar sein, wenn mehrere gemeinnützige Träger wirtschaftliche Aktivitäten in der gleichen Branche verfolgen oder ihre Angebote komplementär koppeln. Ebenso kann die Einbindung weiterer Gesellschafter eine Strategie sein, zusätzliches Kapital für die Gesellschaft aufzubringen.

Andere Rechtsformen

Während die GmbH die häufigste Form der Auslagerung ist, kommen grundsätzlich auch andere Rechtsformen in Betracht. So kann etwa auch eine Aktiengesellschaft, eine Genossenschaft oder Mischformen wie die GmbH & Co KG gegründet werden. Kapitalgesellschaften können darüber hinaus so wie der Verein den Status der Gemeinnützigkeit führen, der vom Finanzamt regelmäßig bestätigt werden muss. Wird der Geschäftsbetrieb in eine gemeinnützige Körperschaft ausgelagert, darf der gemeinnützige Träger von den ausgelagerten Geschäften allerdings finanziell nicht profitieren. Die Auslagerung in gemeinnützige GmbHs ist im Bereich der sozialen Dienstleister verbreitet, um die Träger vor den Auswirkungen riskanter Programmaktivitäten zu schützen. Die einzelnen Rechtsformen und ihre Vorzüge sind in Kapitel 8 beschrieben.

Neben den genannten Rechtsformen stehen grundsätzlich auch andere Europäische Rechtsformen zur Auswahl. Diese werden in Deutschland seit 2002 als rechtsfähig anerkannt (etwa die britische LTD oder die Europäische LTD & Co KG, die gewisse Vorzüge wie etwa eine geringere Stammeinlage mit sich bringen).

Eine interessante Variante zur Geschäftsgründung bietet die freistehende Konstruktion, bei der Mitglieder des gemeinnützigen Trägers und nicht der Träger selbst den ausgelagerten Geschäftsbetrieb gründen. Der Vorteil dieser Variante ist, dass der Mittelfluss zwischen Träger und Ausgründung weniger reglementiert ist, da es zu keiner verdeckten Gewinnausschüttung kommen kann. So kann beispielsweise ein gemeinnütziger Verein von dem in einen mitglieder-identischen nicht-gemeinnützigen Verein ausgelagerten Geschäftsbetrieb gesponsert werden. Problematisch ist hierbei lediglich, dass der gesamte Kapitalbedarf für die Gründung aus privater Hand kommen muss, da dem gemeinnützigen Träger für die Gründung keine Mittel entzogen werden dürfen.

 *Nach einer erfolgreichen Anlaufphase beschließt der Ökowelt e.V., dass der Verlag in Anbetracht seines beständigen Wachstums und der sich abzeichnenden inhaltlichen Verbreiterung besser aus dem Verein ausgelagert werden sollte. Der Verein gründet daher mit seinen freien Rücklagen die Ökowelt Verlag GmbH als 100%ige Tochter des Ökowelt e.V. Die genutzten Räumlichkeiten und das Equipment mietet die GmbH fortan vom Verein. Da die Geschäftsführung des Verlags eigenständig handelt, werden die Gewinne beim Verein als Vermögensverwaltung geführt.*

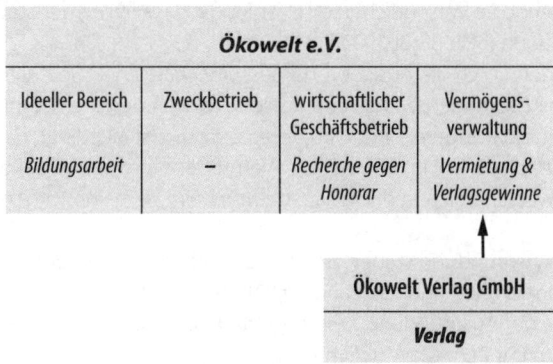

Ökowelt e.V.			
Ideeller Bereich	Zweckbetrieb	wirtschaftlicher Geschäftsbetrieb	Vermögens- verwaltung
Bildungsarbeit	*–*	*Recherche gegen Honorar*	*Vermietung & Verlagsgewinne*

Ökowelt Verlag GmbH
Verlag

Argumente pro und contra Auslagerung

Träger sollten die Vor- und Nachteile einer Auslagerung gründlich erwägen, bevor sie sich für eine Konstruktion entscheiden. Dabei sind neben der Frage der Finanzierbarkeit einer Ausgründung nicht nur steuerrechtliche Fragen, sondern ebenso eine Reihe betriebswirtschaftlicher und psychologischer Aspekte einzubeziehen.

Rechtliche Aspekte

Die rechtlichen Aspekte der Konstruktionsentscheidung ergeben sich aus den Bestimmungen der Abgabenordnung und des Gesellschaftsrechts sowie den entsprechenden gemeinnützigkeitsrechtlichen Ausführungsbestimmungen. Besonderes Augenmerk sollte auf die Gefährdung der Gemeinnützigkeit, steuerliche Auswirkungen und Haftungsrisiken gelegt werden.

Status der Gemeinnützigkeit

Das größte Risiko der steuerpflichtigen wirtschaftlichen Tätigkeit eines Trägers bei der eingegliederten Konstruktion ist die Gefahr, dass dem Träger der Status der Gemeinnützigkeit aberkannt wird. Dies kann geschehen, wenn aus Sicht der Finanzverwaltung die betreffende wirtschaftliche Tätigkeit der Körperschaft das »Gepräge« gibt.

Wichtige Indizien hierfür sind nach herrschender Ansicht der Umsatz des steuerpflichtigen Geschäftsbetriebes sowie das Verhältnis des Personaleinsatzes im steuerpflichtigen zu demjenigen im steuerbefreiten Tätigkeitsbereich der Körperschaft.

Jedoch reicht das Überwiegen der wirtschaftlichen Tätigkeit allein nicht aus, den Entzug der Gemeinnützigkeit zu rechtfertigen, solange damit Erträge für die Erfüllung der gemeinnützigen Zwecke erwirtschaftet werden sollen (BFH, DStR 1998, 1710). Wenn allerdings die einzelnen Tätigkeiten der Körperschaft derart eng verknüpft sind, dass sie einen einheitlichen steuerpflichtigen wirtschaftlichen Geschäftsbetrieb bilden und sich die Aktivitäten der Körperschaft in diesem Betrieb im Wesentlichen erschöpfen, ist das Privileg der Steuerbefreiung nicht mehr zu rechtfertigen (BFH, BStBl. 1994 II, 314).

Diese Gefahren können durch die Auslagerung des wirtschaftlichen Geschäftsbetriebes auf eine andere Körperschaft verringert werden, da dessen Tätigkeit dem gemeinnützigen Träger dann nicht mehr unmittelbar zugerechnet wird. Voraussetzung ist allerdings, dass der dann nur noch bestehende Kapitalanteil im Rahmen der Vermögensverwaltung gehalten wird und nicht weiterhin einen wirtschaftlichen sGeschäftsbetrieb beim gemeinnützigen Träger begründet.

Den Vorteilen einer Ausgründung stehen jedoch auch Risiken gegenüber. So ist die Gemeinnützigkeit des Trägers unter anderem dann gefährdet, wenn
- die Preise der infolge der Ausgründung zwischen Träger und Tochter erforderlich werdenden Verrechnungen nicht dem Marktüblichen entsprechen,
- die Tochtergesellschaft keine Gewinne erwirtschaftet und sich der gemeinnützige Träger nicht rechtzeitig von ihr trennt oder
- nicht gewährleistet wird, dass die in der Ausgründung steckenden Gewinnerzielungsmöglichkeiten durch Ausschüttungen an den gemeinnützigen Träger zurückfließen.

Juristische Beratung ist in dieser Frage grundsätzlich sinnvoll, da der Entzug der Gemeinnützigkeit nach einer negativ verlaufenen Steuerprüfung durchaus rückwirkend auf mehrere Jahre erfolgen kann, und mitunter mit erheblichen Steuernachforderungen und gegebenenfalls der Rückzahlung von Förderungen verbunden ist. Ebenso ist es sinnvoll, im Vorfeld einer Entscheidung mit dem zuständigen Finanzamt Kontakt aufzunehmen, um zu klären, wie hier der entsprechende Sachverhalt ausgelegt wird.

Besteuerung

In ertragsteuerlicher Hinsicht bot eine Auslagerung bisher den Vorteil, dass sich die Körperschaftsteuerbelastung von 40% im Falle der Ausschüttung der Gewinne an den gemeinnützigen Träger auf 30% reduzierte. Seit dem Veranlagungszeitraum 2001 ist dieser Unterschied jedoch entfallen. Nunmehr unterliegt der Überschuss aus dem eigenen steuerpflichtigen wirtschaftlichen Geschäftsbetrieb des gemeinnützigen Trägers nach § 23 Abs. 1 KStG ebenso einer Körperschaftssteuerbelastung von 26,5% wie der von der Tochtergesellschaft erzielte und an den Träger ausgeschüttete Gewinn.

Bestehen bleibt hingegen die Möglichkeit, die Steuerbelastung weiter zu reduzieren, wenn im Rahmen des § 8a KStG eine Fremdfinanzierung der Tochtergesellschaft (in Form eines Darlehens) durch den Träger vorgenommen wird. Dieser kann die für die Kapitalüberlassung vereinbarte Vergütung als Einkünfte aus Vermögensverwaltung steuerfrei vereinnahmen, während bei der Tochtergesellschaft die Kapitalzinsen als Betriebsausgaben den steuerpflichtigen Gewinn mindern.

Haftungsrisiko

Ein letzter wichtiger rechtlicher Punkt in Sachen Anbindung ist die Frage der Haftung. Während in der eingebundenen Variante der gemeinnützige Träger mit seinem gesamten Vermögen für Verluste des Geschäftsbetriebes haftet, ist bei der Auslagerung in eine GmbH die Haftung auf die Gesellschafter-Einlage begrenzt (daher der Name »Gesellschaft mit beschränkter Haftung«). Dies bedeutet, dass Geschäfte mit hohem Risiko besser ausgelagert werden sollten, da sie ansonsten die gemeinnützigen Träger im Falle des Scheiterns mit in den Abgrund der Insolvenz reißen können. Das Risiko der »Durchgriffshaftung«, also der Gefährdung des Vereinsvermögens im Haftungsfall bei der Tochter, besteht dabei nur in Ausnahmefällen (etwa bei Vermögensvermischung oder der Gewährung von Bürgschaften durch den Verein).

Betriebswirtschaftliche Aspekte

Aus betriebswirtschaftlicher Sicht geht mit der Frage der Anbindung wirtschaftlicher Geschäftsbereiche eine Reihe wichtiger Faktoren einher, die oft unterschätzt werden. Aufwand und Kosten, Steuerung und Entwicklung der wirtschaftlichen Aktivitäten verdienen hier besondere Aufmerksamkeit.

Aufwand und Kosten

Für viele Organisationen entscheidet sich die Frage der Auslagerung bereits an der Kostenproblematik. Neben den reinen Gründungskosten (Beratungs-, Notar- und Gerichtskosten) ist etwa für die Gründung von GmbHs ein Stammkapital von mindestens 25.000 Euro erforderlich, von dem bei der Anmeldung zumindest die Hälfte einzuzahlen (oder in Sachwerten einzubringen) ist. Die Einlage darf ein gemeinnütziger Träger nicht aus dem laufenden Haushalt, sondern nur aus freien Rücklagen aufbringen. Die Verfügbarkeit solcher Mittel ist im gemeinnützigen Bereich nicht immer gegeben. Darüber hinaus sind auch die laufenden Ausgaben für die eigenständige Geschäftsführung und Verwaltung einer ausgelagerten Gesellschaft nicht zu unterschätzen. Eine Auslagerung ist daher nur dann sinnvoll, wenn die erwarteten Erträge des Geschäftsbetriebs den Aufwand rechtfertigen. Sie wird in der Regel für Betriebe ab 500.000 Euro Umsatz pro Jahr erwogen.

Kapitalzugang

Ein wichtiger Aspekt der Anbindungsentscheidung ist die Frage, zu welcher Art von Kapital neben den regulären Einnahmen des Geschäftsbetriebs Zugang bestehen soll. Während gemeinnützige Träger den Vorteil haben, dass sie öffentliche und philanthropische Zuwendungen sowie steuerlich absetzbare Spenden erhalten können (wenn auch nicht unmittelbar für ihre wirtschaftlichen Geschäftsbetriebe), geben ausgelagerte Gesellschaften besseren Zugriff auf Kredite und eröffnen die Möglichkeit, Beteiligungskapital von externen Gesellschaftern, Aktionären oder Kommanditisten einzubeziehen. Die Kapitalbindung ist oft ein wichtiges Argument bei der Auslagerung. In Bezug auf Kreditaufnahme ist zu beachten, dass Banken im Falle von GmbH-Neugründungen meist nur an die Gesellschafter direkt Kredite vergeben, um in Anbetracht der Haftungsbeschränkung ihr Eigenrisiko zu mindern. Während der Zugriff auf arbeitsmarktpolitische Förderungen beiden Konstruktionsformen offen steht, bevorzugen Wirtschaftsförderungsprogramme in der Regel privatwirtschaftliche Antragsteller.

Steuerung

Eine wichtiges Kriterium bei der Anbindungsfrage bezieht sich auf die Steuerung und Kontrolle des Geschäftsbetriebs. Hierbei ist zunächst entscheidend, dass die Führung eines gemeinnützigen Trägers auf integrierte wirtschaftliche Aktivitäten einen direkteren Zugriff hat als auf die Geschäfte einer ausgelagerten Tochter. Zwar fungiert der Vereinsvorstand im Falle einer Ausgründung als Gesellschafterversammlung (und damit als oberstes Aufsichtsorgan) der Tochtergesellschaft, in der Regel obliegt die operative Steuerung der Gesellschaft jedoch ihrer eigenen Geschäftsführung, die laufende betriebliche Entscheidungen mehr oder weniger eigenständig fällt und unmittelbar zu verantworten hat. Dabei sind die Entscheidungsstrukturen in Gesellschaften meist straffer als in Vereinen, in denen oft eine starke Rückbindung an die Mitglieder vorherrscht. Die »freie« Steuerung ermöglicht es dem Management eines ausgelagerten Betriebs, sich stärker an den Markterfordernissen zu orientieren. Die Auslagerung ist somit insbesondere bei Geschäftsfeldern sinnvoll, die von harter Konkurrenz und hohem Markt- und Innovationsdruck gekennzeichnet sind. Eine Auslagerung ist zudem dann zu erwägen, wenn die Führung des gemeinnützigen Trägers weder die erforderliche Zeit noch die betriebswirtschaftliche Kompetenz zur operativen Steuerung des Geschäftsbetriebes aufbringen kann. Oft treten bei diesem Kontrollverlust allerdings Ängste und Konflikte auf, die die Entscheidung zur Auslagerung verzögern.

Flexibilität

Ausgelagerte Geschäftsbetriebe bieten in der Regel mehr Entwicklungs- und Wachstumsraum als eingebundene. Denn während gemeinnützige Träger sich stets an ihren satzungsgemäßen Zwecken und einem engen Mittelverwendungsrahmen zu orientieren haben, steht es einer ausgelagerten Gesellschaft weitestgehend frei, in welchem Bereich sie sich betätigt und wie sie ihre Mittel einsetzt. Aus den genannten Gründen ist die Ausgründungs-Variante vielen Vorständen und Mitgliedern gemeinnütziger Vereine suspekt. Oft wird gefürchtet, dass die

Profiterwirtschaftung bei der Tochtergesellschaft zum Selbstzweck werden und im Endeffekt der gemeinnützige Träger zum abhängigen Appendix verkümmern könnte. Hier ist ein Vertrauensverhältnis zwischen den Führungen von Träger und Tochtergesellschaft vonnöten, das durch eine gute vertragliche Basis untermauert werden sollte.

In Bezug auf innerbetriebliche Flexibilität hängt die Entscheidung ‚Integration oder Auslagerung' unter anderem von der Auslastung von Personal und Infrastruktur ab. In integrierten Konstruktionen ist es in der Regel organisatorisch einfacher, Personal und Ressourcen zwischen ideellem und wirtschaftlichem Bereich zu teilen und so eine optimale Auslastung zu bewirken.

Psychologische Aspekte

Neben den »harten« betriebswirtschaftlichen Aspekten sind auch »weiche« Faktoren wie Organisationskultur, Image und Motivation bei der Frage der Anbindung eines Geschäftsbetriebs zu berücksichtigen.

Organisationskultur

Eines der gravierendsten Probleme beim Aufbau von Geschäftsbetrieben im gemeinnützigen Kontext liegt in der Reibung zwischen ideellem und marktbezogenem Engagement. Oft ergibt sie sich nicht nur aus Ziel- und Strategiekonflikten, sondern auch aus einem grundlegenden kulturellen Spalt, der das Zusammenspiel beider Seiten behindert. Während die Eingliederungs-Variante hier die Chance birgt, Kultur und Struktur des gesamten Trägers in einer integrierten Form neu zu entwickeln, wirkt die Auslagerung eher formbewahrend auf die jeweiligen Arbeitsbereiche. Beide Effekte können in je anderen Ausgangslagen wünschenswert sein. So ist beispielsweise für einen »introvertierten« (von interner Prozessgestaltung absorbierten) Verein die Konfrontation mit der Marketing-Orientierung eines wirtschaftlichen Geschäftsbetriebes im eigenen Haus eine große Lernchance. Bei vielen basispolitischen Organisationen trifft dagegen die Assoziation mit gewinnmaximierendem Wirtschaften auf heftige ideologische Schwellen. Sofern abzusehen ist, dass das interne Beziehungsgeflecht und die Arbeitsfähigkeit der Organisation in der integrierten Form nachhaltig gestört wird und diese Störung den »Befruchtungseffekt« übertrifft, sollte der Geschäftsbetrieb ausgelagert werden.

Image

Aus Sicht des Geschäftsbetriebes ist die Auslagerung oft dann günstig, wenn eine Image-Hypothek aus dem gemeinnützigen Bereich gegenüber externen Partnern und Kunden überwunden werden soll. Allgemein wird von vielen Akteuren des Profit-Bereiches der Titel einer Kapitalgesellschaft (etwa gegenüber dem eines Vereins) in Geschäftsbeziehungen bevorzugt. Diese Präferenz ergibt sich aus dem verbreiteten Stigma der Ineffizienz und fehlenden Qualitätsstandards im gemeinnützigen Bereich und aus dem Unverständnis und Misstrauen privatwirtschaftlicher Akteure gegenüber dem oben erwähnten Doppelziel. Zuweilen kann das Image der gemeinnützigen Sphäre allerdings auch für den Geschäftsbetrieb nützlich sein.

So sind für viele Akteure im Bereich der Sozialwirtschaft und in bestimmten Nischen-Märkten gemeinnützig bemantelte Anbieter vertrauenserweckender als rein profitorientierte Unternehmen. In diesem Fall ist die integrierte Variante (auch als gemeinnützige GmbH) unter Umständen vorzuziehen.

Motivation

Ein letzter Grund zur Ausgründung von Geschäftsbetrieben ergibt sich aus strukturellen Hypotheken im Personalbereich. Es liegt auf der Hand, dass unterschiedliche Vergütungssysteme innerhalb ein und derselben Organisation zu Konflikten führen. Dennoch sind solche Differenzen häufig anzutreffen, da viele Geschäftsbetriebe einen Bedarf an angepassten Anreizsystemen für ihre Beschäftigten sehen. So werden beispielsweise die im Sozialbereich gebräuchlichen BAT-angelehnten Tarife oft als unternehmerisch nicht tragbar angesehen. Organisationen, die das unternehmerische Engagement ihrer Mitarbeiter/innen fördern wollen, setzen daher teilweise auf brancheneigene, gegebenenfalls auch leistungsabhängige Vergütungssysteme. Diese sind in ausgelagerten Geschäftsbetrieben einfacher umzusetzen. Damit bieten Auslagerungen mehr Gestaltungsraum für Anreize zu unternehmerischem Engagement, während in der integrierten Form die Anreize für ehrenamtliches Engagement stärker zum Tragen kommen. Der vereinsinterne Geschäftsbetrieb mit Einsatz von Freiwilligen ist dabei eine häufig gewählte kostengünstige Form in der Gründungsphase von Geschäftsbetrieben.

	Integriert	*Ausgelagert*
Gemeinnützigkeit	Gefährdet, wenn eingegliederter Geschäftsbetrieb dem Träger das »Gepräge« gibt	Gefährdet, wenn ausgelagerter Betrieb langfristig Verluste macht und bei »verdeckter Gewinnausschüttung«
Besteuerung	KSt-Befreiung und ermäßigte Umst. nur bei Zweckbetrieben	Möglichkeit zur Gewinnreduzierung durch Verpachtung / Fremdfinanzierung.
Haftung	Verein haftet mit gesamtem Vereinsvermögen	GmbH: Haftung auf Gesellschaftereinlage begrenzt
Aufwand und Kosten	Keine Gründungskosten, ggf. Rechtsberatung	Gründungskosten, Stammkapital, und erhöhte laufende Kosten
Kapitalzugang	Zugang zu Zuwendungen / Förderungen (indirekt)	Zugang zu Beteiligungen / Krediten
Steuerung	Leitung des gemeinnützigen Trägers behält Einfluss auf wirtschaftliche Aktivitäten	Geschäftsführung des ausgelagerten Betriebs kann sich auf Markterfordernisse einstellen
Flexibilität	Flexibler Personal- und Resourceneinsatz	Handlungs- und Wachstumsoffenheit ohne Image- und Strukturhypotheken
Organisationskultur	Interne »Befruchtung« als Chance zur umfassenden Organisations-Entwicklung	»Reinkultur« des ideellen und wirtschaftlichen Bereichs
Image	Attraktiv für Partner in der Sozialwirtschaft und Nischen-Märkte	Attraktiv für privatwirtschaftliche Partner und Mainstream-Kunden
Motivation	Anreize für ehrenamtliches Engagement	Anreize für unternehmerischen Engagement

Steuerung

Neben der Rechtsform ist bei der Konstruktion eines zu gründenden Geschäftsbetriebs auch seine Steuerung zu klären. Die gebräuchlichsten Steuerungsmodelle bei integrierten Betrieben sind die zentrale Führung, die Doppelspitze und die klassische Pyramidenorganisation mit zentraler Führung und Abteilungsleitungen. Bei Ausgründungen ist in erster Linie zwischen selbständigen und unselbständigen Auslagerungen zu entscheiden. Schließlich stehen auch verschiedene Verbundlösungen offen, mit denen besonders umfangreiche Aktivitäten differenziert gesteuert werden können.

Steuerungsmodelle

Die im Folgenden vorgestellten Modellskizzen bestehen aus Steuerungs- und Programmeinheiten. Steuerungseinheiten sind Organe, die die Arbeit der Organisationen disponieren und leiten (wobei vorerst zwischen Geschäftsführung und Vorstand nicht unterschieden wird, um die Übersichtlichkeit der Modelle zu gewährleisten). Programmeinheiten sind Abteilungen oder Tätigkeitsfelder, in denen die Programme der Organisation umgesetzt werden.

Je nach ihrem primären Aufgabengebiet sind die Einheiten weiß (ideelles Aufgabenfeld), schwarz (wirtschaftliches Aufgabenfeld) und kariert (gemischtes / integriertes Aufgabenfeld) codiert. Pfeile zwischen Einheiten bedeuten Weisungsverhältnisse, während Linien ein Abstimmungsverhältnis bezeichnen. Die Steuerungsmodelle finden sich in den Fallbeispielen wieder, auf die jeweils verwiesen wird.

Legende

▭	Steuerungseinheit	⟶	Weisung	▨	ideell
				▨	wirtschaftlich
⬭	Programmeinheit	—	Abstimmung	▨	integriert

Eingegliederte Lösungen

Zentrale Führung

Die Geschäftsführung des gemeinnützigen Trägers leitet alle Abteilungen und Aktivitäten der Organisation zentral. Die wirtschaftlichen Aktivitäten sind dabei entweder in den Abteilungen integriert a) oder in eigenen Abteilungen zusammengefasst b).

a)   b)

Vorteil: Gute Steuerung durch Einheit der Spitze möglich
Nachteil: Hohe Ansprüche an Kompetenz und Integrationsfähigkeit der Leitung
Fallbeispiele: PC-Jugend e.V. (integriert) / forumF und Ittertal gGmbH (zusammengefasst)

Doppelspitze

Die Leitung des Trägers ist nach betriebswirtschaftlichen Kompetenzen und ideell/fachlichen Kompetenzen getrennt. Die beiden Leitungsorgane stimmen sich in regelmäßigen Geschäftsführungstreffen miteinander ab. Die wirtschaftlichen Geschäftsaktivitäten sind entweder in den Abteilungen integriert a) oder nach ideellen und wirtschaftlichen Abteilungen getrennt und den Leitungsbereichen zugeordnet b).

a)   b)

Vorteil: Möglichkeit einer Leitung mit spezialisierter Fachkompetenz.
Nachteil: Die Abstimmung zwischen den beiden Leitungsbereichen kann konfliktträchtig sein und es kann zu Doppelloyalitäten im System kommen
Fallbeispiel: Alte Feuerwache e.V.

Pyramide

Die wirtschaftlichen und ideellen Arbeitsbereiche werden von Abteilungsleitern geführt, die der Geschäftsführung des Trägers unterstehen. Diese ist für die strategische Integration des Gesamtsystems zuständig.

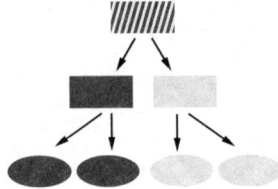

Vorteil: Gute strategische Steuerung bei gleichzeitiger fachlicher Spezialisierung
Nachteil: Lange Wege von der operativen Basis bis zur strategischen Führung.
Fallbeispiel: jugendhaus düsseldorf e.V. (teilweise Auslagerung)

Ausgelagerte Lösungen

Selbständige Auslagerung

Der ausgelagerte Geschäftsbetrieb (meist eine GmbH) wird eigenständig geführt (entweder als eigenständiges Tochter- oder als freistehendes Schwesterunternehmen). Die Leitung des gemeinnützigen Trägers stimmt sich mit der Leitung des Geschäftsbetriebs strategisch ab.

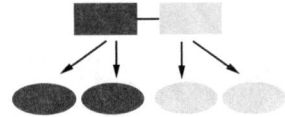

Vorteil: Die Leitung des ausgelagerten Trägers hat maximale unternehmerische Flexibilität kann ihre Fach- und Feldkompetenz optimal nutzen. Beim gemeinnützigen Träger werden Kapazitäten frei.
Nachteil: Der gemeinnützige Träger gibt seinen Einfluss auf den Geschäftsbetrieb weitgehend ab.
Fallbeispiele: CVJM e.V. und Fürst Donnersmarck Stiftung (Tochter) / Eine Welt Haus Jena e.V. (Schwester)

Unselbständige Auslagerung

Der ausgelagerte Geschäftsbetrieb ist zwar juristisch eigenständig, wird aber vom gemeinnützigen Träger gesteuert. Der gemeinnützige Träger steuert dabei entweder als 100%iger
Teilhaber a) oder in Abstimmung mit anderen Teilhabern b).

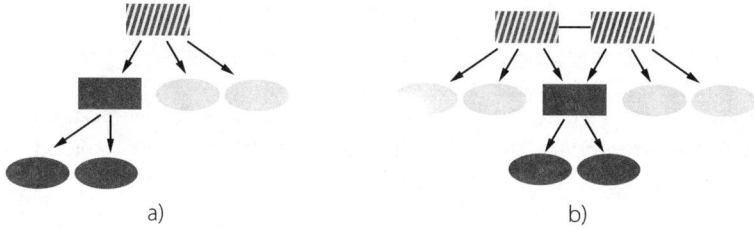

a)   b)

Vorteil: Der gemeinnützige Träger behält maximalen Einfluss auf den Geschäftsbetrieb
und kann so der Gefahr seiner Verselbständigung entgegenwirken.

Nachteil: Die Steuerung des Geschäftsbetriebs bindet Ressourcen beim Träger und
unterliegt möglicherweise einer politischen Logik, die der betriebswirtschaftlichen entgegensteht. Da die Konstruktion beim Träger als wirtschaftlicher Geschäftsbetrieb gewertet wird, besteht die Problematik der Gemeinnützigkeits-
gefährdung fort.

Steuerungseinfluss bei Auslagerungen

Die verschiedenen Abstufungen der Einflussnahme werden im folgenden am Fall eines Vereins erläutert, der Gesellschafter einer ausgelagerten GmbH ist.

Am untersten Ende der Einflussskala stehen **stille Beteiligungen** an Gesellschaften. Als
stiller Gesellschafter wird ein Verein aufgrund seiner Einlage an den Gewinnen und Verlusten
der Gesellschaft beteiligt (wobei die Verlustbeteiligung vertraglich ausgeschlossen werden
kann). Die Kontrollrechte des stillen Gesellschafters beschränken sich dabei auf den Erhalt der
Jahresabschlüsse und die Einsicht in Bücher und Papiere der Gesellschaft.

Eine weitere Abstufung mit geringer Einflussnahme durch den gemeinnützigen Träger ist die
Minderheitsbeteiligung. In diesem Modell hält ein (oder mehrere) andere/r Gesellschafter
die Anteils- und damit auch Stimmenmehrheit der Gesellschaft, wodurch sich der Einfluss des
gemeinnützigen Trägers verringert. Dies kann vorteilhaft sein, um sicher zu gehen, dass die
Beteiligung als Vermögensverwaltung gewertet wird (und somit die Gemeinnützigkeit des
Trägers nicht durch hohe Einnahmen aus wirtschaftlichem Geschäftsbetrieb gefährdet wird).

Eine Möglichkeit, eine Minderheitsbeteiligung auch ohne externe Partner zu verwirklichen, besteht darin, dass der Verein dem/der Geschäftsführer/in der GmbH ein Darlehen gewährt, mit dem diese/r 51% der Gesellschaft erwirbt, während der Verein 49% hält. Diese Konstruktion bedarf allerdings einer guten vertraglichen Grundlage zwischen Geschäftsführer/in und Verein und sollte nicht ohne intensive Rechtsberatung durchgeführt werden.

In der Standard-Version einer selbständigen Auslagerung mit 100%iger Beteiligung des gemeinnützigen Trägers beschränkt sich die Einflussnahme des gemeinnützigen Trägers auf Rahmenvorgaben. Dies bedeutet in der Regel, dass der Vereinsvorstand als Gesellschafterversammlung die **Geschäftsordnung** der GmbH festlegt und die GmbH-Geschäftsführung bestellt. Operative Entscheidung und Kontrolle liegen vollständig bei der Geschäftsführung der GmbH.

Wünscht der gemeinnützige Träger mehr Kontrolle über den Geschäftsbetrieb und will dafür auch externen Sachverstand ins Boot holen, kann er einen **Aufsichtsrat** berufen, der mit eigenen Mitgliedern, aber auch mit externen Experten besetzt sein kann (in der Regel umfasst er drei bis fünf Personen). Der Aufsichtsrat ist als Gremium bei Körperschaften zwar erst ab einer Größe von 300 Mitarbeitern vorgeschrieben, wird aber durchaus auch im kleinen Rahmen eingesetzt. Kontrolle und Entscheidung sind in diesem Modell getrennt: Während die Entscheidung über das operative Geschäft bei der GmbH-Geschäftsführung liegt, nimmt der Verein über den Aufsichtsrat die Kontrolle der Geschäftsführung wahr. Neben dem Aufsichtsrat kann auch noch ein beratender Beirat berufen werden.

Schließlich kann der Vereinsvorstand als Gesellschafterversammlung auch die Steuerung des Geschäftsbetriebes übernehmen, diese aber nach dem Prinzip der **zielorientierten Steuerung** (»Governance by Objectives«) weitgehend auf langfristige Zielvorgaben begrenzen. In diesem Fall ist die GmbH-Geschäftsführung vor allem mit der Umsetzung der Zielvorgaben betraut. Die Koordination und strategische Abstimmung zwischen Träger und GmbH kann dabei auch durch Koordination zwischen den beiden Geschäftsführungen erfolgen. Im Allgemeinen liegt hier die Grenze zwischen einer selbständigen und einer unselbständigen Auslagerung.

Bei einer unselbständigen Auslagerung wird die ausgelagerte Gesellschaft vom gemeinnützigen Träger als **»Quasi-Abteilung«** geführt. Der Geschäftsführer der GmbH ist dabei dem Geschäftsführer des Vereins wie ein Abteilungsleiter unterstellt.

Einen Extremfall dieses Verhältnisses stellt die **»Organschaft«** dar. Sie liegt vor, wenn ein ausgelagerter Geschäftsbetrieb nicht nur organisatorisch, sondern auch wirtschaftlich und finanziell in die Mutter-Organisation eingegliedert ist. In diesem Fall findet Besteuerung der Einnahmen beim gemeinnützigen Träger statt.

Verbundlösungen

Holding

Mehrere unterschiedlich strukturierte juristisch eigenständige Körperschaften (meist GmbHs und gGmbHs) werden von einer zentralen Steuerungseinheit geführt. Dies kann ein Verein ohne eigene Programmaktivitäten oder eine Stiftung sein, die Gesellschafterin der Körperschaften ist. Bei Mischvarianten werden auch Zweckbetriebe und wirtschaftliche Geschäftsbetriebe im Portfolio geführt.

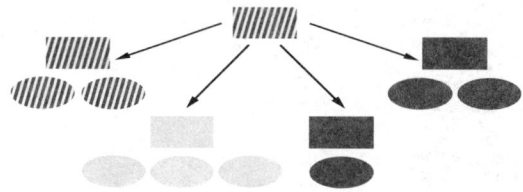

Vorteil: Die Organisationen sind in sich homogen und operativ unabhängig steuerbar, werden aber strategisch geführt. Synergien können optimal genutzt werden.
Nachteil: Die Wege von der zentralen Steuerungseinheit bis zur operativen Basis sind lang. Die Steuerung ist aufwendig und erfordert hohe betriebswirtschaftliche und politische Kompetenz.
Fallbeispiel: Stiftung Synanon (Mischvariante)

Netzwerk

Mehrere unterschiedlich strukturierte, juristisch eigenständige Körperschaften (Vereine, Stiftungen, GmbHs, gGmbHs etc.) bilden durch laterale Abstimmung und Vertragsbeziehungen ein Netzwerk.

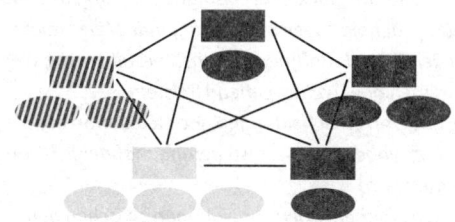

Vorteil: Der Verbund kann flexibel und schnell auf Umweltveränderungen reagieren. Die Mitglieder bewahren maximale Autonomie.
Nachteil: Die Steuerung ist zeitintensiv und ergebnisoffen.
Fallbeispiel: Pfefferwerk Verbund

Steuerungsgesellschaft

Mehrere gemeinnützige Träger gründen gemeinsam eine Steuerungsgesellschaft, die die wirtschaftlichen Geschäftsbetriebe (meist ausgelagerte GmbHs) zentral steuert und zentrale Verwaltungsaufgaben für sie übernimmt.

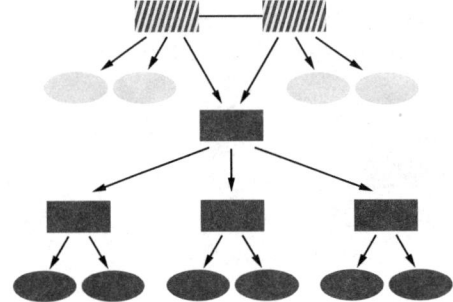

Vorteil: Sowohl die Geschäftsbetriebe als auch die gemeinnützigen Träger werden von Steuerungs- und Verwaltungsaufwand entlastet. Synergien können optimal genutzt werden.

Nachteil: Die unterschiedlichen Interessen der gemeinnützigen Träger können die optimale Führung der Steuerungsgesellschaft blockieren.

Lose Kopplung

Die Bindung zwischen Organisationseinheiten wird in der Organisations-Theorie als »Kopplung« bezeichnet. Nach dem Modell von Karl Weick (1985) lassen sich in Organisations-Systemen »lose« und »enge« Kopplungen unterscheiden. Das Modell der engen Kopplung entspricht dabei der klassisch bürokratischen Organisationsform mit starker Regulierung, zentraler Steuerung, lückenloser Aufgabenteilung und Ressourcenrationalität. »Lose Kopplung« definiert Weick durch folgende Merkmale:

- *Reduzierte Regulierung, bei der Ziele als Rahmenvorgaben bestehen, der Weg der Zielerreichung den Subsystemen aber weitestgehend freisteht*
- *Weitgehende Dezentralisierung von Entscheidungen und Delegation von Verantwortlichkeiten an Subsysteme, wobei die Systemsteuerung maßgeblich von Aushandlungsprozessen bestimmt wird.*
- *Ressourcen-Überlappung und Aufgaben-Überschneidungen zwischen den Subsystemen, durch die kleinere Störungen im Arbeitsablauf »gepuffert« werden*

Die hauptsächlichen Vorteile loser Kopplung bestehen darin, dass
- *der bürokratische Aufwand der System-Koordination vergleichsweise gering ist,*
- *die Flexibilität des Systems insgesamt erhöht ist,*

- *die Kompetenz der Subsysteme optimal genutzt wird und diese lokale Lösungen entwickeln können,*
- *externe Turbulenzen und strategische Fehlentscheidungen im System weniger durchschlagen als bei »enger Kopplung«.*

*Die wichtigsten **Nachteile** loser Kopplung bestehen darin, dass*

- *die Redundanz im System keine optimale Ressourcennutzung zulässt,*
- *die strategische Steuerung des Gesamtsystems erschwert ist,*
- *die Nachrichtenübertragung im System nicht zuverlässig ist, sodass Informationslücken entstehen können (Akteure brauchen daher dichte persönliche Netzwerke, um dies zu kompensieren),*
- *das Funktionieren des Systems schwer zu evaluieren und zu kontrollieren ist.*

Zusammenfassung

Bei der Konstruktionsentscheidung ist zunächst zu klären, ob der zu gründende Betrieb im gemeinnützigen Träger (als Zweckbetrieb oder wirtschaftlicher Geschäftsbetrieb) eingegliedert oder etwa in eine Kapitalgesellschaft ausgelagert werden soll.

- Bei eingegliederten Konstruktionen kann der Geschäftsbetrieb als eigenständige Abteilung oder als »Nebeneffekt« der regulären Programme geführt werden.
- Bei Auslagerungen bietet sich in der Regel die Gründung einer GmbH an, wobei der Vorstand des gemeinnützigen Trägers als Gesellschafterversammlung der Tochtergesellschaft fungiert. Die Gewinnausschüttung wird beim Träger je nach ausgeübtem Steuerungseinfluss dem wirtschaftlichen Geschäftsbetrieb oder der Vermögensverwaltung zugerechnet.

Die auf die beiden Varianten bezogenen Steuerungsmodelle unterscheiden sich vor allem durch die Zentralisierung und Spezialisierung der Leitungsaufgaben im wirtschaftlichen und ideellen Bereich.

- Hohe Spezialisierung erlaubt in der Regel eine »reinere« Steuerung der Arbeitsbereiche, ist aber mit den Nachteilen der »Entkopplung« des Gesamtsystems behaftet.
- Mit dem Grad der Zentralisierung steigt die strategische Steuerbarkeit des Gesamtsystems, die allerdings durch den Verlust an Flexibilität in den Untereinheiten und lange Informationswege erkauft ist.

Fallbeispiele

forumF – IT-Kompetenzzentrum
Neusser Str. 225
50733 Köln
Telefon 02 21 – 1397 55 – 0
Telefax 02 21 – 1397 55 – 9
e-mail: info@forumf.de
www.forumf.de

Das »forumF« ist ein Bildungs- und Kompetenzzentrum, das für Mädchen und Frauen Fort- und Weiterbildungsmöglichkeiten im EDV- und IT-Bereich sowie im kaufmännischen Bereich bereitstellt. Das Zentrum im Kölner Bezirk Nippes verbindet geförderte Qualifizierungspro- gramme für sozial benachteiligte Zielgruppen mit freien Bildungsangeboten für Selbstzahle- rinnen. Darüber hinaus bietet das »forumF« Dienstleistungen für Unternehmen in den Berei- chen e-learning und Wissensmanagement an.

Entwicklungsgeschichte

Der Impuls zur Gründung des »forumF« entstand am Weltfrauentag im Frühjahr 1999. Damals konstituierte sich in Köln mit dem Nippeser Frauenparlament eine überparteiliche Initiative mit dem Ziel, Frauenbelange auf verschiedenen Ebenen in politische Gremien zu tragen. Eine der zentralen Forderungen der Gruppe bezog sich auf adäquate Weiterbildungsräume für Frauen, speziell im technischen Bereich. Aus der Initiative gründete sich noch im selben Jahr der Verein »Nippeser FrauenForum e.V.« als Träger eines geplanten IT-Kompetenzzentrums.

Auf der Suche nach geeigneten Räumlichkeiten im Bezirk fand der Verein eine alte Druckerei, die allerdings für die Nutzung als Bildungszentrum komplett umgebaut werden musste – ein Vorhaben, für das 1,5 Millionen Mark veranschlagt wurden. Dr. Marita Alami, Initiatorin und heutige Geschäftsführerin des »forumF«, ließ sich von diesem Investitionsvolumen nicht schrecken, denn sie konnte auf eine qualifizierte Weiterbildung zur Nonprofit-Managerin, ein gutes Kontakt-Netzwerk und tatkräftige Unterstützung aus dem Vorstandsteam des Trägervereins zurückgreifen. Sie entwickelte ein schlüssiges Gesamtkonzept für das Sozialunternehmen, das wirtschafts- und gesellschaftspolitische Bedarfe aufgriff. Auf der Grundlage dieses Konzeptes konnten die Investitionskosten für den Kauf von Haus und Grundstück durch einen Zuschuss der Stadt Köln (13%) und ein Bankdarlehen (87%) aufgebracht werden. Für Umbau und Erstausstattung bewilligte das Land NRW einen Zuschuss in Höhe von 75%, das verbleibende Viertel konnte mit Hilfe einer Stiftungsförderung und einem weiteren Bankdarlehen aufgebracht werden. Die Absicherung der Darlehen erfolgte standardgemäß über den zusätzlichen Eintrag der Bank im Grundbuch.

Im April 2002 nahm das »forumF« mit einem Team von sieben Mitarbeiterinnen seine Arbeit auf. Die Finanzierung der Personal- und laufenden Kosten war über arbeitsmarktpolitische Projekte und Lohnkostenzuschüsse gesichert. So ist das »forumF« zum Beispiel bis heute Trägerin eines Teilprojektes der Kölner EQUAL Verbundinitiative im Übergang Schule und Beruf. Weniger rosig verlief die mit dem Arbeitsamt begonnene Zusammenarbeit: Im Zuge der sich wandelnden Arbeitsmarktpolitik wurden die zuerst auf drei Jahre angelegten ABM-Stellen auf die Hälfte der Laufzeit verkürzt, und die auf lange Frist entwickelten einjährigen Qualifizierungsmaßnahmen gänzlich eingestellt. Für das »forumF« brach damit ein wichtiger Finanzierungsbaustein für die Startphase und ein Stück des Optimismus des so gelungenen Einstiegs weg. Dennoch lassen sich Marita Alami und das Team nicht entmutigen und entwickeln stetig neue Angebote und Kontakte.

Konstruktion

Das Herzstück des »forumF« bildet das »Selbstlernzentrum«. An 40 modern ausgestatteten PC-Stationen können Teilnehmerinnen hier mittels Lernsoftware oder anderen Fernlern-Materialien selbstgesteuert und in freier Zeiteinteilung lernen und dabei fachliche Begleitung und Beratung in Anspruch nehmen. Unter anderem können hier der Europäische Computerführerschein (ECDL) oder der Europäische Wirtschaftsführerschein (EBDL), aber auch viele andere berufsrelevante Qualifikationen von Maschinenschreiben bis Business-Englisch erworben werden. Für die meisten Lern-Module beträgt die Gebühr einmalig 128 Euro, was am unteren Ende der marktüblichen Preisskala liegt, von einigen kommerziellen Anbietern aber auch unterboten wird. Das Zentrum ist bewusst so eingerichtet, dass sich soziale Kontakte und kooperatives Arbeiten unter den Teilnehmerinnen ergeben. Ein fachliches Beratungsgespräch zum Einstieg und die laufende Betreuung der Lernenden werden durch Tutorinnen und die hauptamtlichen Mitarbeiterinnen des Zentrums geleistet.

- **Mädchen Computerwerkstatt:**
  Hier geht es um die Eroberung des Computers als Arbeitsmittel und als Instrument zur Umsetzung der eigenen kreativen Ideen sowie um die Erweiterung der Berufswahlorientierung. Also weg vom Nur-Chatten hin zur Nutzung von PC und Internet mit ihren Möglichkeiten vor allem bei bildungsbenachteiligten Mädchen.
- **Kinderbetreuung:**

  Frauen, die sich keine Kinderfrau leisten können, sollen nicht vom Lernen abgehalten werden, wenn vorhandene Kinderbetreuungsangebote wegfallen, z.B. weil der Kindergarten schließt.
- **Berufliche Bildungsangebote:**
  Auch Existenzgründerinnen aus der Erwerbbslosigkeit, Langzeitarbeitslose und Alleinerziehende sollen sich weiterbilden können, um ihren Lebensunterhalt selbst zu erwerben.

Die Erlöse dienen gemeinnützigen Zwecken

Praxiserfahrungen garantieren Qualität und Effizienz

- **Firmenschulungen:**
  Von Inhouse-Seminaren über E-Learning-Angebote bietet das forumF Firmen und Organisationen Qualifizierungmöglichkeiten für ihre Mitarbeiterinnen und Mitarbeiter.
- **E-Learning-Akzeptanz:**
  Gerade im E-Learning -Bereich verfügt das forumF über umfassende Erfahrungen im eigenen Hause. Passgenaue und effiziente Projekte zur E-Learning-Akzeptanz kann das forumF in Firmen und Organisationen durchführen. Dabei arbeitet es von der Praxis für die Praxis.
- **Weitere Kompetenzen:**
  Bei Themen wie
  - Wissensmanagement,
  - gendergerechtes EDV-, IT- und Online-Training,
  - Vereinbarkeit Familie/Beruf können Firmen und Organisationen ebenfalls auf das Know How des forumF zurückgreifen.

Neben dem Selbstlernangebot bietet das »forumF« auch Präsenzseminare im IT-Bereich an. Einen weiteren Bereich bildet die MädchenComputerWerkstatt, in der Angebote zur beruflichen Mädchenförderung Raum finden. Schließlich bietet das »forumF« unter dem Titel »IT & More« eine Reihe von Fachvorträgen an offenen Themenabende für Frauen an.

Alle Angebote des Zentrums werden bislang formal als Vereinsaktivitäten geführt und sind buchhalterisch nach ideellem Bereich, Zweckbetrieb und wirtschaftlichem Geschäftsbetrieb getrennt. Die Ausgliederung einer GmbH wurde im Verein bereits in Erwägung gezogen. Sie böte die Möglichkeit, neue Investoren als Gesellschafter an Bord zu holen. Zur Zeit steht ein solcher Schritt jedoch noch nicht an, denn das »forumF« hat sich in seiner jetzigen Ausprägung einen Namen in der Region gemacht, bei dem die Rechtsform eine untergeordnete Rolle spielt.

Marketing

Die derzeitigen Kunden des »forumF« stammen überwiegend aus dem Umfeld der Sozialwirtschaft und der öffentlichen Sphäre. Als bester Akquisekanal haben sich hier die Netzwerke herausgestellt, in die das Zentrum eingebunden ist. Neben den sozialen und politischen Beziehungen strickt Marita Alami als Unternehmerin auch an der Einbindung in branchenspezifische Netzwerke. So ist das »forumF« zunehmend auch bei Wirtschafts-Initiativen wie etwa der bundesweiten »Initiative D21«, bei IT-Fachmessen wie der »Communicate« und bei regionalen Standortinitiativen wie der Kölner Internet Union und dem IHK-Mentor-Ring präsent.

Diese Präsenz soll langfristig auch den Dienstleistungen, die das Kompetenzzentrum Firmen anbietet, zur Nachfrage verhelfen. Im Programm stehen hier Firmenschulungen sowie Angebote im Bereich e-learning-Akzeptanz und Wissensmanagement, für die das »forumF« eine spezielle Kompetenz durch die Arbeit im Hause aufbaut. Bei der Vermarktung dieser Angebote kann Marita Alami darauf verweisen, dass das Zentrum etwa beim e-learning selbst in der Arbeit mit benachteiligten Zielgruppen Erfolg hat, für die Weiterqualifizierung von Fachpersonal also erst recht gerüstet ist. Den guten Zweck, der durch die Erlöse der wirtschaftlichen Tätigkeit gefördert wird, erwähnt sie allerdings erst im zweiten Atemzug: »Man muss erst über die Kompetenz akzeptiert werden und kann dann als Argument, was den Unterschied macht und den Ausschlag geben könnte, sagen: ‚Übrigens, die Gewinne, die wir machen, dienen nicht dazu, dass ich auf die Malediven fliege, sondern dafür, dass wir kostenlose Kinderbetreuung oder die MädchenComputerWerkstatt aufrechterhalten können'«.

Kritische Punkte

Einer der zentralen Druckpunkte für das junge Sozialunternehmen ist die Finanzierungsfrage. Mit dem unvorhergesehenen Wegbrechen der Arbeitsamts-Aufträge wurde die wirtschaftliche Kalkulation des Betriebs stark strapaziert. Erstes Budget-Opfer sind dabei die Produkt- und Personalentwicklung sowie die technische Nachrüstung der Geräte. Der Ausfall dieser Posten kann kurz nach dem Start zwar noch verkraftet werden, stellt aber mittelfristig durchaus ein Problem dar. Im Bereich der laufenden Kosten müssen nun eigenwirtschaftliche Tätigkeiten einen deutlich höheren Prozentsatz abdecken, als für die ersten Jahre geplant. Im Jahr 2003 betrug die Eigenfinanzierungsquote mit 21.000 von insgesamt 350.000 Euro rund 16 Prozent – im Vergleich zu anderen Trägern nicht wenig, aber immer noch nicht genug, um die Lücke zu füllen. Erleichternd wirkt dabei, dass die Verlagerung auf den Selbstlern-Bereich gegenüber dem Kursbetrieb eine höhere Flexibilität bedeutet. Zudem ist Marita Alami bemüht, weitere Projektförderungen aus öffentlicher Hand zu akquirieren. »Es ist kein Ziel, nur noch ein Wirtschaftsbetrieb zu sein, der seine Erlöse benachteiligten Zielgruppen zukommen lässt«, erklärt sie. »Solange die öffentliche Hand bereit und in der Lage ist, diese Zielgruppe zu fördern, ist das in Ordnung«.

Hier schließt sich das verbreitete Problem des Spagats zwischen den kollidierenden Anforderungen von marktbezogener und gemeinnütziger Sphäre an. Marita Alami sieht vor allem im Anspruch an das »Gepräge« der Organisation einen schwer überbrückbaren Widerspruch: »Wenn wir versuchen, Selbstzahlerinnen oder die Wirtschaft als Kunden zu gewinnen, müssen wir uns einen sehr wirtschaftsnahen Anstrich geben, der es nicht auf den ersten Blick vermuten lässt, dass wir eigentlich ein gemeinnütziges Sozialunternehmen sind. Das heißt, wir laufen hier Gefahr, mit einer der Anforderungen des Gemeinnützigkeitsrechtes zu kollidieren.« Gleichzeitig wird es mit dem Auftreten als Unternehmen schwieriger, gegenüber Spendern und öffentlichen Geldgebern um Unterstützung zu werben. Da der gemeinnützige Aspekt in der Öffentlichkeitsarbeit nicht im Vordergrund steht, muss er bei Bedarf gesondert transportiert werden.

Erfolgsfaktoren

Trotz der genannten Schwierigkeiten ist das »forumF« ohne Zweifel eine höchst innovative und gut geführte Einrichtung, die ihr primäres Ziel, Frauen eine qualifizierte Weiterbildung zu ermöglichen, erfüllt. Ein wichtiges Erfolgsrezept ist dabei die beständige Netzwerkarbeit. So fungiert die dreifache Vernetzung zu sozialer, politischer und marktbezogener Sphäre gleichzeitig als Ressourcenzugang und Akquise-Pool. Dabei ist klar, dass nicht alle Beziehungen gut zusammenpassen und die Vielgesichtigkeit der Organisation eine sensible Beziehungspolitik erfordert. So ist zum Beispiel auf der Webseite des »forumF« der Link zum Trägerverein eher dezent gestaltet – nicht etwa weil zum Nippeser FrauenForum kein Bezug mehr bestände, sondern weil das politische Engagement des Vereins trotz seiner Überparteilichkeit für manche öffentlichen und privaten Kunden des Zentrums faktisch zur Kontakthürde würde.

Als weiteres Erfolgskriterium des »forumF« sieht Marita Alami die Beherztheit, mit der das Zentrum und seine Personalstruktur aufgebaut wurden. Der Mut, unbefristete Stellen auch ohne langfristig abgesicherte institutionelle Förderung einzurichten, hat sich vielfach durch Verbindlichkeit und Engagement der Mitarbeiterinnen und den Zusammenhalt im Team ausgezahlt. Hierbei sieht die Geschäftsführerin gleichzeitig auch die Notwendigkeit der Kontinuität an der Spitze, die sowohl nach innen wie auch nach außen stabilisierend wirkt: Intern machen dabei die klaren Entscheidungsstrukturen das operative Geschäft unabhängig von wechselnden Meinungen und Strömungen im Verein. Nach außen ist es die Vertretungshoheit der Leitung, die Partnern eine verlässliche Ansprechstelle und das berühmte ,single face to the customer' gibt. »Solange man noch nicht ganz normaler Bildungsträger ist, der von seinem Ruf lebt, lebt vieles vom persönlichen Vertrauen von Mensch zu Mensch«, meint Marita Alami. Die Fähigkeit der engagierten Geschäftsführerin, allen Bezugsgruppen dabei gleichermaßen authentisch und kompetent zu begegnen, ist sicherlich ein weiteres wichtiges Erfolgskriterium des »forumF«.

PC Jugend e.V. – Kölner PC-Notdoktor
Neusser Str. 736
50737 Köln
Telefon 02 21 – 9 77 56 86
Telefax 02 21 – 9 77 56 88
e-mail: info@pc-jugend.de
www.pc-jugend.de

PC Jugend e.V.

Der Kölner »PC Jugend e.V.« ist einer der wenigen gemeinnützigen Träger, die ihre Arbeit zu 100% selbst finanzieren. Durch Serviceangebote im PC-Bereich und den Verkauf gebrauchter Hardware hat es der Verein innerhalb von einem Jahr geschafft, eine Lern- und Arbeitswerkstatt für Jugendliche aufzubauen, die sich nicht nur selbst trägt sondern dabei beständig wächst.

Entwicklungsgeschichte

Die Idee zum Projekt entstand 2002. Die Initiatoren der »PC Jugend« – damals selbst auf der Suche nach neuen Arbeitsfeldern – sahen in dem Verein die Chance, drei Probleme in einer Geschäftsidee aufzulösen. Das Problemdreieck beschreibt Reiner Baumgarten, stellvertretender Vorsitzender des Vereins wie folgt: Auf der einen Seite besteht eine große Nachfrage nach gebrauchter IT-Hardware, die in Zusammenhang mit dem Bedarf an Installation und Wartung nicht immer optimal über den Online-Handel befriedigt werden kann. Dem gegenüber steht ein erhebliches Hardware-Entsorgungsproblem bei Unternehmen, die immer häufiger ihre IT-Systeme teilweise oder komplett auswechseln. PCs gelten als Sondermüll, und bis 2006 die Computerhersteller gezwungen sind, gebrauchte Hardware zurückzunehmen, kostet ihre Entsorgung viel Geld. Als drittes Element gruppiert sich zu diesem Problemensemble die Masse IT-interessierter Jugendlicher, die zur Zeit weder Arbeit noch Ausbildungsstelle haben. »Wir haben aus drei Minus ein Plus gemacht«, erklärt Baumgarten – Unternehmen spenden ihre gebrauchten Computer, die vom Verein abgeholt werden; Jugendliche arbeiten die PCs unter fachlicher Anleitung auf; Kunden erhalten hochwertige Ware und Serviceleistungen zu günstigen Preisen.

Die Entwicklung des Geschäftsbetriebs erfolgte in kleinen Schritten. Nach einem ersten erfolglosen Anlauf wurde der Verein Ende 2002 unter dem Namen »PC Jugend« konstituiert und im Kölner Vereinsregister angemeldet. Als Arbeitsplatz fungierte zunächst das Büro eines Mitglieds, wobei anfänglich vor allem Aufträge im Außendienst akquiriert wurden, um das Startkapital für die Werkstatt zu erwirtschaften. Die so begonnene Betriebssparte »PC-Notdoktor« hat heute einen Stamm von fast 300 Kunden und wächst beständig weiter. Ihr Angebot reicht von der PC-Erstkonfiguration bis hin zur ambulanten Viren- und Wurmbeseitigung.

Erste Abholungen von Second-Hand-Geräten zum Weiterverkauf wurden mit einem privaten PKW erledigt, der mittlerweile durch einen vereinseigenen Transportbus ersetzt ist. Während zunächst alle angebotenen Geräte angenommen wurden, sortiert das Team heute die Eingänge gut vor, um nicht im Technikschrott zu versinken. Dennoch kommt es mitunter vor, dass Firmen eine Komplettabholung ihrer Systeme zur Bedingung der Übergabe machen. Obwohl die steuerliche Absetzbarkeit der Sachspenden dabei nicht unbedingt im Vordergrund steht, sind die in Höhe des Wiederverkaufswertes ausgestellten Spendenbescheinigungen willkommene Anreize zum Spenden.

Der Verkauf der Ware – PCs, Bildschirme, Drucker, Systemelemente und anderes Zubehör – erfolgt schwerpunktmäßig über die Ladenwerkstatt im Kölner Stadtteil Nippes. Allerdings hat die »PC Jugend« auch eine zweite Verkaufsstelle in Siegburg und vertreibt zunehmend erfolgreich über ihren Online Shop. Dabei werden auch neue Systemteile angeboten, die der Verein über Großhändler bezieht. Auf alle Ware wird – wie gesetzlich vorgeschrieben – ein Jahr Garantie gewährt. Die Preise sind dem Marktniveau angepasst.

Konstruktion

Die Umsatzentwicklung des Betriebs ist bemerkenswert. Nach knapp einem Jahr ist der »PC Jugend e.V.« heute in der Lage, aus eigenen Mitteln die laufenden Kosten von monatlich rund 4.000 Euro zu bestreiten und legt sogar noch Mittel für die Erweiterung des Geschäftsbetriebes zurück. Neben den vier Hauptamtlichen des Vereins, die sich schwerpunktmäßig um Kundenakquise, Verwaltung und spezialisierte Arbeitsaufträge kümmern, arbeiten regelmäßig auch Praktikant/innen mit, die über Jobbörsen und Kooperationsverträge mit Beschäftigungsträgern eingestellt und dort auch versichert werden. Als nächstes ist der lang anstehende Umzug in größere Räume geplant, womit die Arbeits- und Lagerbedingungen verbessert werden sollen. Langfristig sollen im Vereinsrahmen auch Bildungsangebote entstehen.

Marketing

Während anfangs noch täglich Werbungen für Abholung, Service und Verkauf als Handzettel verteilt oder an lokale Unternehmen gefaxt wurden, lebt der Verein zunehmend von der Mund-zu-Mund-Propaganda. Oft führt ein kleiner gut abgewickelter Service-Auftrag zum späteren Kauf eines Geräts oder zur Spende eines ganzen Systems. Darüber hinaus hat der »PC Jugend e.V.« auch Kooperationsvereinbarungen – so etwa mit der ROLAND Versicherung, für die der Verein die Systeme wartet und im Gegenzug regelmäßig gebrauchte Geräte erhält. Dass die Aufträge von Jugendlichen erledigt werden, wird von den Kunden meist positiv gesehen, da die Kompetenz der jungen Leute im Computer-Bereich nicht bezweifelt wird. Dabei wird auch die Unterstützung einer gemeinnützigen Sache von fast der Hälfte der Kunden als Faktor bei der Kaufentscheidung genannt.

Kritische Punkte

Der Geschäftsbetrieb des »PC Jugend e.V.« läuft in seiner relativ kurzen Bestehenszeit so gut, dass es schwierig ist, darin kritische Punkte auszumachen. Dabei kann dieser Erfolg auch in sich selbst kritisch werden, da er die Frage beeinflusst, wie die Geschäfte des Vereins von außen beurteilt werden. Die Satzung des »PC Jugend e.V.« benennt als ersten Zweck des Vereins, »arbeitslose oder sonstwie perspektivlose Jugendliche an den Umgang mit PC, Hard- und Software heranzuführen«. Die Anerkennung der wirtschaftlichen Aktivitäten des Vereins als Zweckbetrieb hat damit eine gute formale Grundlage, soweit das Verkaufsgeschäft sich als für den genannten Zweck zwingend notwendig einordnen lässt.

Erfolgsfaktoren

Was den »PC Jugend e.V.« sowohl von einem Jugendzentrum als auch von einem regulären Kleinbetrieb unterscheidet, ist vor allem die Rolle der Jugendlichen. Sozialpädagogische Betreuung gibt es nicht und fachliche Anleitung findet überwiegend durch die jungen Leute selbst statt. Die Tür steht bis in die Nacht offen, die Jugendlichen kommen und gehen, wie sie Lust haben und können in der Werkstatt auch an ihren eigenen PCs bauen. Einzige Voraussetzung ist Interesse an der Materie, und die bringen selbst die Jugendlichen mit, die hier unfreiwillig ihre vom Jugendstrafgericht auferlegten »Sozialstunden« absitzen; wer Talent zeigt, wird nach und nach auch in die betriebliche Arbeit einbezogen und hat die Chance, sich vielleicht irgendwo in der wachsenden Struktur einen Job einzurichten. Im Idealfall, so Baumgarten, bauen die Jugendlichen, die in der Werkstatt das IT-Handwerk gelernt haben, irgendwann eigene »PC Notdoktor«-Zweigstellen auf.

Als Geheimrezept für den Erfolg der »PC Jugend« sieht Baumgarten das gegenseitige Vertrauen und das Eigeninteresse aller Beteiligten. Jeder arbeitet für sich selber – nicht für die Stadt, nicht für den Verein, nicht für einen abstrakten guten Zweck. Gute Zwecke kann sich der Verein dennoch leisten, etwa wenn er PCs an Schulen in Afrika oder an andere gemeinnützige Vereine in Köln spendet.

Sport- und Kulturzentrum Ittertal gGmbH
Mittelitter 10
42719 Solingen
Telefon 02 12 – 2 30 39 – 0
Telefax 02 12 – 2 30 39 – 10
e-mail: info@ittertal.de
www.ittertal.de

Das Sport- und Kulturzentrum Ittertal liegt im Landschaftsschutzgebiet zehn Kilometer nord-
westlich der Innenstadt von Solingen. Das Zentrum kombiniert attraktive Freizeitangebote
wie Freibad und Freilufteisbahn mit Programmen der offenen Kinder- und Jugendarbeit und
betreibt als Beschäftigungsträger verschiedene Projekte zur Ausbildungs- und Arbeitsförde-
rung im »zweiten Arbeitsmarkt«. Neben dem Sport- und Freizeitbetrieb führt die Gesellschaft
zu diesem Zweck eine Abteilung im Garten- und Landschaftsbau mit den Schwerpunkten
Grünpflege, Waldbau und Projekte, die private und öffentliche Aufträge bearbeitet.

Entwicklungsgeschichte

Die bereits 1912 erbaute Sportanlage Ittertal wurde bis Ende der 80er Jahre von der Stadt Solingen betrieben. Als 1987 wegen zunehmender Finanznot der Kommune die Schließung der
Einrichtung drohte, stellte der freie Beschäftigungsträger »Jugendberufshilfe Solingen« ein
Konzept vor, die Anlage in Form einer gemeinnützigen GmbH in freier Trägerschaft zu betrei-
ben. Ziel war dabei nicht nur, die Sport- und Freizeitangebote der Einrichtung für die Bürger
von Solingen zu erhalten, sondern auch Arbeits- und Ausbildungsplätze für Jugendliche und
Langzeitarbeitslose zu schaffen. Arbeitsmarktbezogene Zuschüsse aus Landes-, Bundes- und
EU-Töpfen sollten dabei zusammen mit der Einnahmesteigerung durch erhöhte Attraktivität und effizientere Betriebsführung die kommunale Kasse entlasten. Mit dieser doppelten
Zielstellung fand das Projekt die politische Unterstützung der regierenden Solinger SPD und
wurde im selben Jahr angegangen.

Mit umfangreichen Förderungen konnten zu den bereits bestehenden Nutzbauten auf
dem Gelände eine Verwaltungseinheit sowie Räumlichkeiten für einen Gastronomie-, Semi-
nar und Kulturbetrieb errichtet werden. Neben dem bestehenden Sport- und Freizeitangebot
entstanden mit der Zeit verschiedene Kleinbetriebe, die weitere Ausbildungs- und Beschäfti-
gungsmöglichkeiten im handwerklichen Bereich eröffneten. So bildete sich etwa eine Tischlerei und ein Gärtnereibetrieb, der bis heute zum Herzstück des Trägers gehört.

Während anfangs noch in Kooperation mit dem Kulturamt Solingen Lesungen, Ausstellun-
gen und Konzerte im Zentrum stattfanden, wurde der Kulturbetrieb bald aufgrund man-
gelnder Besucher eingestellt. »Vielleicht waren es zu viele Baustellen auf einmal«, resümiert
Gabriele Georgi heute, die seit 11 Jahren Geschäftsführerin der Ittertal gGmbH ist. Auch im
Gastronomie-Bereich hatten die neuen Betreiber wenig Glück, ein funktionierendes Geschäft
zu etablieren. Die Anstellung eines Gastronomen wirkte hier eher kontraproduktiv, da das
Anstellungsverhältnis mit der in der Gastronomiebranche vorherrschenden Kultur der Selbständigkeit kollidierte. Da der Gastronomie-Bereich vom Finanzamt als reiner wirtschaftlicher
Geschäftsbetrieb eingestuft wurde, entwickelten sich die roten Zahlen im Betrieb nach und
nach zur Gefahr für die Gemeinnützigkeit des Trägers. Um dieses Risiko zu eliminieren, entschloss sich die Geschäftsführung, die Gastronomie an einen privaten Betreiber abzugeben,
der das Restaurant nun von der Gesellschaft pachtet.

Konstruktion

Gesellschafter der Ittertal gGmbH ist heute der aus dem Kreis der Jugendberufshilfe Solingen gegründete nicht gemeinnützige »Verein zur Förderung neuer Betriebsstrukturen e.V.«.
Der Vorstand des Vereins (bestehend aus einem Wirtschaftsprüfer, einem Rechtsanwalt und
einem Lokalpolitiker) fungiert als Gesellschafterversammlung und kontrolliert die Geschäftsführung. Fast alle Programmbereiche sind dabei als Zweckbetriebe organisiert. Sie werden
von Fachanleiter/innen geführt, die die Beschäftigten in der Arbeit anleiten und gleichzeitig
betriebswirtschaftliche Mitverantwortung in den Betrieben tragen. Die Fachanleiter/innen
sind dem Betriebsleiter der Gesellschaft unterstellt. Darüber hinaus beschäftigt die gGmbH

insgesamt 15 Vorarbeiter, Verwaltungskräfte, Pädagogen sowie Sozialarbeiter/innen, die die rund 30 Beschäftigten in den Arbeitsförderungs-Programmen betreuen.

Grundstück und Anlage werden von der Stadt gepachtet, die die Betriebskosten des Sport- und Freizeitbetriebs auch weiterhin bezuschusst. Zudem finanziert sich die Gesellschaft über Stadtentwicklungs- und Sozialprogramme der Stadt Solingen sowie Zuschüsse der Agentur für Arbeit und des Diakonischen Werkes, in dem die Ittertal gGmbH Mitglied ist. Die Eigenfinanzierungsquote in dem fast 1,7 Millionen Euro umfassenden Haushalt der gGmbH liegt derzeit bei rund 30%, wobei die Erlöse aus dem Garten- und Landschaftsbau die Einnahmen im Freizeitbereich mittlerweile übersteigen. Mit der Auslagerung hat die Kommune über die Jahre somit mehr als eine Million Euro an Betriebskosten und 1,5 Millionen Euro an Investitionen eingespart.

Marketing

Da die gGmbH für die Angebote ihres Gärtnerei-Zweckbetriebes keine offensive Werbung macht, basiert die Auftragsakquise in der Regel auf Empfehlungen. Dabei ist den meisten Kunden bewusst, dass die Betriebe einem Beschäftigungsträger angehören. Zuweilen weist die gGmbH auch darauf hin, etwa bei komplexeren Arbeiten, wo es notwendig wird, einen anderen Abrechnungsmodus finden. »Unsere Leute sind zwar genauso gut, aber nicht immer genauso schnell, das heißt wir können nicht immer über Stunden abrechnen«, berichtet Michael Korb, Betriebsleiter der Einrichtung. Dabei wird viel Wert darauf gelegt, dass nicht nur die Leistung, sondern auch der Preis des Angebots am marktüblichen Niveau orientiert ist: »Wir sind nicht der billige Jakob, darauf weisen wir hin«, erklärt Korb.

Kritische Punkte

Da die Ittertal gGmbH in allen Programmbereichen ihre ideellen Ziele direkt mit ihrer wirtschaftlichen Betätigung verknüpft, ist der Spagat, den die Gesellschaft zwischen diesen beiden Polen machen muss, besonders prekär. Obwohl der finanzielle Druck auf die Zweckbetriebe verhältnismäßig stark abgefedert ist und die Fehlertoleranz der Fachanleiter/innen im Vergleich zum »ersten Arbeitsmarkt« hoch ist, müssen routinemäßig betriebswirtschaftliche Entscheidungen getroffen werden, die gegen den sozialen Anspruch der Einrichtung stehen. »Ich kann nicht sagen ,Wir haben den Menschen im Mittelpunkt, und um den Rest müssen wir uns nicht mehr kümmern' – das wäre schön, aber so ist das nicht«, erklärt Gabriele Georgi.

Während Alkoholkonsum und mangelnde Zeitdisziplin am Arbeitsplatz zu den prominentesten individuellen Konflikten gehören, ist ein wichtiger struktureller Problempunkt die Fluktuation im Betrieb. Die Arbeitsförderprogramme, ursprünglich auf zwei Jahre ausgelegt, dauern mittlerweile nur noch 12 Monate, mit der möglichen Tendenz zu einer weiteren Halbierung. »Es hat ein gewisses Konfliktpotential, wenn man Geld verdienen will und muss, die fähigsten Leute schnell wieder abzugeben«, erklärt Georgi. Andersherum bereitet es auch Probleme, wenn Beschäftigte den Ausstieg aus den Zweckbetrieben verzögern, da sie auf dem ersten Arbeitsmarkt mehr Druck und weniger Gehalt erwartet. Hier müssen die

Fachanleiter/innen manchmal »die Zügel anziehen«, um den Betroffenen den Ausstieg zu erleichtern.

Neben diesen unvermeidlichen Reibungen ist derzeit besonders die hohe Planungsunsicherheit für die gGmbH prekär. Während die Umsätze im Freizeitbereich ohnehin stark wetterabhängig sind, bildet auch die politische Großwetterlage einen kritischen Unsicherheitsfaktor. Das ursprüngliche Konzept der Ittertal gGmbH beruht auf einer Subventionierung der zuschussbedürftigen Angebote im Sport- und Freizeit-Bereich durch arbeitsmarktbezogene Förderungen, die wiederum gewerbliche Dienstleistungen ermöglichen. Die Veränderung in der Arbeitsmarktpolitik und der Rückgang entsprechender Förderprogramme schlägt daher doppelt zu Buche, da mit geringeren Beschäftigtenzahlen auch weniger Erträge in den Zweckbetrieben erwirtschaftet werden können. Zusätzlich bergen die Veränderungen der Zuständigkeiten für Arbeitslosen- und Sozialhilfe im Hartz-Konzept die Gefahr, dass die GmbH ihren Einfluss auf die Mittelverteilung und wichtige Unterstützung im lokalen Umfeld verliert. In dieser Situation ist strategische Wirtschaftsplanung ein eher frustrierendes Unterfangen.

Erfolgskriterien

Als erfolgskritisch betrachtet Gabriele Georgi vor allem zwei Aspekte ihres Betriebes: Einerseits sieht sie die Rolle der Mitarbeiter/innen, insbesondere der Fachanleiter/innen als zentral an, die die beschriebenen Spannungen in der täglichen Arbeit auffangen. »Die Anleiter/innen müssen den Spagat gehen zwischen der Rücksicht auf persönliche Belange und den Kundenwünschen«. Dies, so weiß die Geschäftsführerin, verlangt ein hohes Maß an Qualifikation, Engagement und Erfahrung, das nicht auf der Straße liegt.

Gleichzeitig weiß Georgi die gute Zusammenarbeit vor Ort zu schätzen, die sich aus der Entstehungsgeschichte der Einrichtung, aber auch aus der anhaltenden intensiven Vernetzungsarbeit ergibt. Insbesondere die Kooperation mit der Kommune, die durch das Modell der »Public Private Partnership« gleichzeitig Kunde und Partner ist, hat der Einrichtung immer wieder wertvollen Rückhalt gegeben. Perspektivisch will Gabriele Georgi diese Verbindungen auch weiterhin auf eine politisch und gesellschaftlich breite Basis stellen, um langfristig gegen die unvermeidlichen Windwechsel im regionalen Klima gefeit zu sein.

Alte Feuerwache e.V.
Axel-Springer-Straße 40/41
10969 Berlin-Kreuzberg
Telefon 0 30 – 25 39 92 – 10
Telefax 0 30 – 2 51 43 35
e-mail: mailbox@alte-feuerwache.de
www.alte-feuerwache.de

Das Stadtteil- und Kulturzentrum »Alte Feuerwache« liegt wie eine Oase in der Büroland-schaft des nördlichen Berlin-Kreuzberg. Programmschwerpunkt des Zentrums ist die Kin-der- und Jugendarbeit, die auch mobil im Stadtteil stattfindet. Neben der sozialen und pä-dagogischen Arbeit betreibt der Trägerverein »Alte Feuerwache e.V.« unter anderem zwei Tagungshäuser und einen Gastronomiebetrieb, zu dem eine Stadtteilkantine und das »Café brennBar« gehören. Alle Arbeitsbereiche sind organisatorisch im Vereinsrahmen integriert.

Entwicklungsgeschichte

Seit seiner Gründung im Jahr 1991 hat die »Alte Feuerwache« die sozialen Entwicklungen im Bezirk durch vielfältige Wandlungs- und Wachstumsprozesse nachvollzogen. Ein interessanter Teil dieses Prozesses spiegelt sich in die Geschichte des »Café brennBar«.

Anstoß zum Aufbau des Cafébetriebs in der »Alten Feuerwache« gab nicht etwa der Wunsch, Eigenmittel für den Verein zu erwirtschaften, sondern vor allem das Bewusstsein, dass ein Stadtteilzentrum ein öffentliches Café als Treffpunkt braucht. Ursprünglich sollten dabei die in den ehemaligen Fahrzeugdepots der Feuerwache gelegenen Café-Räume an einen externen Betreiber verpachtet werden. Nachdem sich die Verpachtung jedoch aufgrund baulicher Eigenheiten als unmöglich erwies, wurde die »brennBar« 1996 im Eigenbetrieb eröffnet. Karin Schwarz, die Geschäftsführerin der »Alten Feuerwache«, warb hierfür erfahrenes Personal aus der Gastronomiebranche an. Zusätzlich wurden im Betrieb mehrere Praktikums- und Ausbildungsstellen für Jugendliche eingerichtet.

Der erste Anlauf der Geschäftsgründung war steinig. Während sich einerseits herausstellte, dass der Betrieb zu personalintensiv geplant war, zeigten sich bei der Belegschaft zudem bald Anzeichen eines »kulturellen Missverständnisses«: Das Stereotyp vom durchfinanzierten gemeinnützigen Träger ohne Marktdruck ließ manche Beschäftigte in der Vorstellung antreten, im Café der »Feuerwache« herrschten geringere Leistungsanforderungen als in der restlichen Gastronomiebranche. Die Kombination dieser beiden Probleme war in der ohnehin schwierigen Anlaufphase nicht eben förderlich für das Geschäft, so dass bald klar wurde, dass einige Veränderungen im Betrieb anstanden, wenn er überleben sollte.

Als ersten Schritt beschloss das Team der »Feuerwache«, die Öffnungszeit des Cafés von 24 auf 18 Uhr zu verkürzen und damit das relativ aufwendige abendliche Kulturprogramm zu streichen. Darüber hinaus wurde das Café mit der Kantine des Tagungshauses zusammengelegt, wodurch sich die Möglichkeit bot, einen Mittagstisch nicht nur für die Seminargäste und rund 50 Mitarbeiter/innen des Hauses, sondern auch für Bewohner/innen des Stadtteils und Beschäftigte der umliegenden Betriebe anzubieten. Die organisatorische Zusammenlegung erlaubte zudem ein gemeinsames Warenlager von Kantine und Café und förderte die Entwicklung kombinierter Angebote (etwa Full Service Catering für Hochzeits- und Geburtstagsfeiern im Café), die heute eine gute Einnahmequelle für den Betrieb darstellen.

Auch im Personalbereich nahm der Verein Änderungen vor. Neben einem verkleinerten hauptamtlichen Personalstamm wird heute – wie in der Gastronomiebranche üblich – verstärkt mit geringfügig Beschäftigten und Studenten gearbeitet. Bei allen Neueinstellungen wird zudem betont, dass es sich bei Café und Kantine um eigenfinanzierte Bereiche handelt, für die marktwirtschaftliche Gesetze gelten. Den eigenen Charakter der Gastronomie im Zentrum sieht Karin Schwarz dabei heute positiv. »Die Küchenchefin hat einen anderen Ton, das ist hier manchmal befremdlich, aber die hat das im Griff – der Laden läuft und die Zahlen sind besser. Gastronomie ist halt ein bisschen anders, da herrscht ein anderer Umgang. Ich höre jetzt mehr auf diese Leute«, erklärt sie.

Konstruktion

Die Gastronomie ist als regulärer Arbeitsbereich im Trägerverein »Alte Feuerwache e.V.« integriert. Eine Auslagerung der wirtschaftlichen Geschäftsbetriebe und Zweckbetriebe als GmbH bzw. gGmbH wurde zwar erwogen, aber niemals umgesetzt, da den hohen administrativen und finanziellen Aufwand einer Ausgründung kein entsprechender erkennbarer Nutzen rechtfertigte. Alle Arbeitsbereiche der »Alten Feuerwache« sind daher heute unter dem Vereinsdach zusammengefasst und werden als Kostenstellen geführt. Die Aufwendungen und Erträge innerhalb der einzelnen Kostenstellen müssen dabei buchhalterisch sauber in die verschiedenen Steuerbereiche getrennt werden, da die Behörden ein sehr genaues Auge auf die integrierte Konstruktion des Vereins werfen. »Wir haben alle Prüfungen auf dem Hals: Finanzamt, BfA und Kassen, weil die immer vermuten, da wird irgendwas vermischt«, sagt Karin Schwarz.

Durch die integrierte Konstruktion hat das Steuer-Organigramm eine andere Struktur als das Organigramm der Arbeitsbereiche. Während die Aktivitäten im Gastronomiebereich fast vollständig dem wirtschaftlichen Geschäftsbetrieb zuzuordnen sind, sind beispielsweise in der Kostenstelle »Jugendzentrum« alle vier Steuerarten vertreten: Als steuerbefreiter ideeller Bereich gelten hier ertragsseitig Zuwendungen des Kostenträgers sowie Spenden für die Kinder- und Jugendarbeit. Zum steuerbegünstigten Zweckbetrieb zählen etwa Einnahmen für Kinderreisen, denen festgelegte Tagessätze zugrunde liegen. Der steuerfreien Vermögensverwaltung werden die Einnahmen aus der Vermietung von Räumen zugerechnet. Zum steuerpflichtigen wirtschaftlichen Geschäftsbetrieb zählen schließlich Einnahmen, die zum Beispiel beim Verkauf von Speisen und Getränken bei einem Straßenfest erzielt werden. Im Tagungshaus wiederum zählen Einnahmen aus der Beherbergung von Jugendgruppen als Zweckbetrieb, während Übernachtungsentgelte von Erwachsenen als wirtschaftlicher Geschäftsbetrieb gerechnet werden. Die Gemein- und Anschaffungskosten müssen dabei sorgfältig prozentual nach Umsatz in die einzelnen Bereiche aufgeschlüsselt werden.

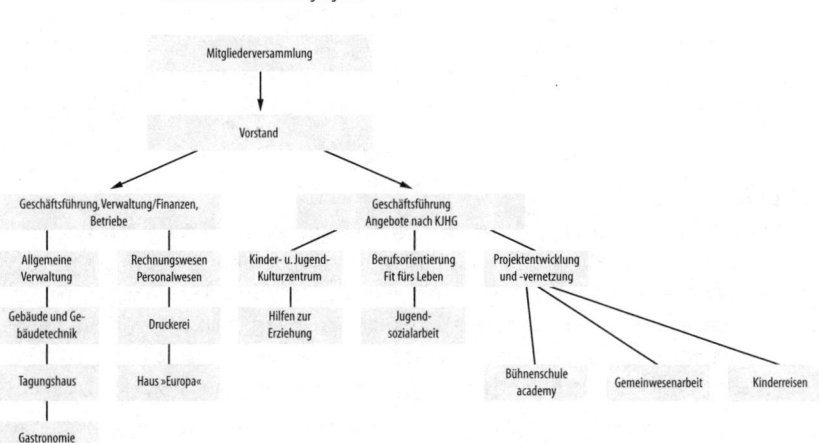

Alte Feuerwache e.V. Strukturorganigramm

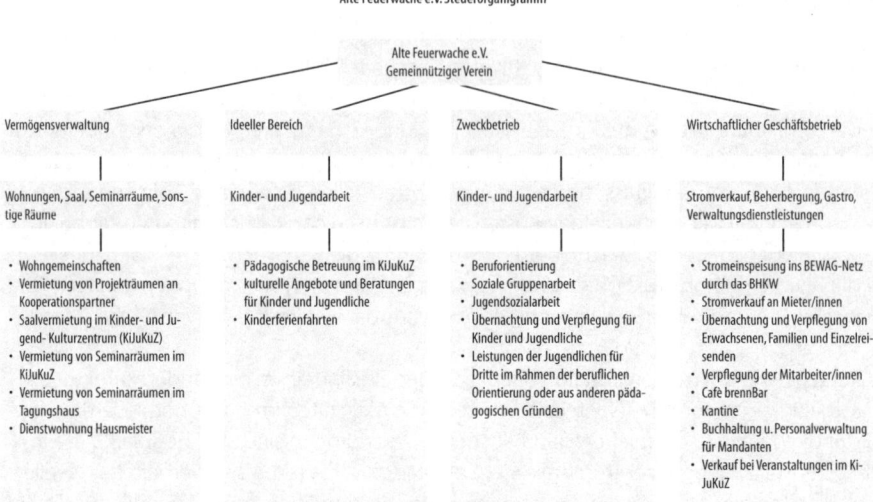

Alte Feuerwache e.V. Steuerorganigramm

Der integrierten Struktur der Arbeitsbereiche steht auf Leitungsseite eine Doppelspitze mit klarer Aufgabenteilung gegenüber. So sind die Geschäftsführungsaufgaben der »Alten Feuerwache« in zwei Steuerungsfelder geteilt: Karin Schwarz, die für den wirtschaftlichen Bereich sowie Finanzierung, Personal und Gebäudemanagement zuständig ist, arbeitet dabei Seite an Seite mit ihrem Kollegen, der für die Steuerung und inhaltliche Entwicklung der sozialpädagogischen Arbeit zuständig ist. Die beiden treffen sich in der wöchentlichen Geschäftsführungsrunde und kommen in 14tägigen Treffen mit den verschiedenen Bereichsleiter/innen der Einrichtung zusammen.

Die Vergütung im Verein ist nach Aufgabenbereichen differenziert: Während etwa die Pädagog/innen nach dem BAT bezahlt werden, erhalten die Mitarbeiter/innen im Gastronomiebereich Entgelte, die sich am Hotel- und Gaststättentarif orientieren. Dieser liegt zwar an sich niedriger als der BAT, dafür werden aber Zuschläge und Nebenleistungen gezahlt. So erhalten beispielsweise die Mitarbeiter in der Gastronomie derzeit eine Umsatzbeteiligung von 1%.

Kritische Punkte

In Anbetracht der Härte der Branche, die für kleine Gewinnspannen und harte Konkurrenz bekannt ist, bedingt die soziale Verwurzelung des Gastronomiebetriebs in der »Alten Feuerwache« immer wieder einen Balanceakt. So stellen etwa der Verzicht auf die in der Branche übliche Schwarzarbeit und die Integration der Jugendlichen im Arbeitsprozess erhöhte Anforderungen für Betrieb und Personal dar, die aufgefangen werden müssen, da eine langfristige Bezuschussung des Geschäftsbetriebs durch den Verein nicht zulässig ist. »Ich will hier irgendwie etwas anders machen, und ich habe den Konflikt, dass ich das nicht kann, denn ich bin ja in dieser Gesellschaft drin und ich bin am Markt«, erklärt Karin Schwarz und fügt hinzu: »Das kann man nur punktuell machen, und da versuche ich es auch.«

Die interne Spiegelung dieser Herausforderung findet sich in den kulturellen Unterschieden und ungleichen Arbeitsbedingungen zwischen der Sozialarbeit und dem Gastronomiebetrieb des Vereins. So herrscht etwa im sozialpädagogischen Bereich eine stärkere Diskussions- und Beteiligungsorientierung, während in der Gastronomie bedingt durch höheren Zeit- und direkteren Marktdruck ein eher autoritärer Ton üblich ist. Gerade weil erkannt wurde, dass es nicht sinnvoll ist, die beiden Bereiche einander strukturell und kulturell anzugleichen, sind Übersetzungsleistungen notwendig, die einen Brückenschlag zwischen den Realitäten ermöglichen. Hiermit hat das Team der »Alten Feuerwache« in den Jahren seit der Gründung der Gastronomie wertvolle Erfahrungen gemacht.

Erfolgsfaktoren

Trotz der Herausforderungen stehen für Karin Schwarz die positiven Effekte des Gastronomie-Betriebs für die »Alte Feuerwache« deutlich im Vordergrund. Hierbei lassen sich vier Hauptpunkte benennen, die den Nutzen des Betriebs im Verein umreißen. Zunächst schafft der Gastronomiebereich nicht nur dringend benötigte Arbeitsplätze im Stadtteil, sondern fungiert auch als Praktikums-, Berufsorientierungs- und Ausbildungsbetrieb für Jugendliche, womit die sozialpädagogische Arbeit unterstützt wird. Darüber hinaus dient das Café der »Alten Feuerwache« als zentraler Kommunikationspunkt, sowohl innerhalb der eigenen Organisation, als auch im Stadtteil. Drittens gehen vom rigorosen Controlling und Qualitätsmanagement im Gastronomiebereich wichtige Impulse für die anderen Programmbereiche des Vereins aus. Schließlich trägt die Gastronomie über die Miete und den Beitrag zu den Gemeinkosten einen wichtigen Teil der Over-Head-Struktur des Stadtteilzentrums mit.

Die optimale Nutzung dieser Vorteile ergibt sich aus dem Balanceakt, die unterschiedlichen Arbeitsbereiche je in sich stimmig zu managen, sie aber dennoch nicht gegeneinander abzuschotten. Die Konstruktion der Doppelspitze mit wirtschaftlich und sozialpädagogisch akzentuierter Geschäftsführung ist hierbei ein richtungsweisendes Strukturelement.

Carl-Mosterts-Platz 1
40477 Düsseldorf
Telefon 02 11 – 4693 – 0
Telefax 02 11 – 46 93 – 1 20
e-mail: jhd@jugendhaus-duesseldorf.de
www.jugendhaus-duesseldorf.de

jugendhaus düsseldorf e.v.
Bundeszentrale für katholische Jugendarbeit

Der Verein »jugendhaus düsseldorf e.V.« ist die Bundeszentrale für katholische Jugendarbeit in Deutschland und fungiert als Koordinationsstelle und Dienstleister in diesem Bereich. Die Arbeit des Vereins wird unter anderem durch die Erlöse aus verschiedenen Geschäftsbetrieben finanziert.

Entwicklungsgeschichte

Die wirtschaftlichen Aktivitäten des Vereins jugendhaus düsseldorf e.V. haben eine über 50jährige Tradition. Am Anfang stand die Überlegung, katholische Jugend in Deutschland zentral mit unterschiedlichen Dienstleistungen zu versorgen. Hintergrund war dabei das Bestreben, bessere Konditionen mit Geschäftspartnern auszuhandeln (z. B. bei Rahmenverträgen mit Versicherungsgesellschaften) und etwa bei Publikationen verschiedene Synergien zu nutzen. Aus diesem Grundgedanken haben sich die wirtschaftlichen Aktivitäten in über 50 Jahren verändert, angepasst und neu entwickelt. Heute steht der Dienstleistungsgedanke für die Mitglieder des »jugendhaus düsseldorf« im Vordergrund. Mit den verschiedenen Dienstleistungen und Produkten können Erlöse erzielt werden, die direkt an die katholische Jugendarbeit zurückgeführt werden, wobei keine Gesellschafter oder Kommanditisten bedient werden. So hat sich ein Wirtschaftsbereich herausgebildet, der sich aus Dienstleistungen im Print- und Medienbereich, Beratung von verschiedenen Projekten der Jugendarbeit, dem Verkauf von Büchern, Textilien bis hin zu Versicherungspolicen zusammensetzt.

Konstruktion

Die wirtschaftlichen Betriebe sind als eine Abteilung im »jugendhaus düsseldorf« zusammengeführt. Zu ihr gehören die »Verlag Haus Altenberg GmbH«, die »Versicherungsvermittlungs- und Service GmbH«, die Versandbuchhandlung des »jugendhauses düsseldorf« und der »Verkauf und Vertrieb im jugendhaus düsseldorf«.

Die »Verlag Haus Altenberg GmbH« ist ein Verlag für Jugendarbeit, Jugendpastoral und Verbände. Das Buchprogramm wurde in den letzten Jahren neu definiert, was zu einer erheblichen Ausweitung des Programms führte. Darüber hinaus werden alle Zeitschriften im Hause redaktionell und verlegerisch betreut. Die Versandbuchhandlung vertreibt überwiegend die Bücher und Medien der »Verlag Haus Altenberg GmbH«. Ebenso werden die internen Bestellungen abgewickelt und zielgruppenbezogen unterschiedliche Buchprospekte erstellt; im Internet-Shop findet sich eine Zusammenstellung von Büchern und Medien für den Bereich Jugendarbeit.

Die »Versicherungsvermittlungs- und Service GmbH« vermittelt Versicherungen für alle Formen der Jugendarbeit. Die GmbH tritt dabei als Mittler zwischen verschiedenen Versicherern und den Endabnehmern im gemeinnützigen Bereich auf und erhält hierfür eine Umsatzprovision. Mit den unterschiedlichsten Angeboten in den Sparten Transport-, Sach- und Personen-Versicherung, Reise-Kranken-Versicherung und KFZ-Versicherung hält die GmbH ein abgerundetes und speziell auf die Jugendarbeit konzentriertes Angebot bereit. Weiterhin werden zukünftig neue Produkte aufgebaut, um den dynamischen Notwendigkeiten der Zielgruppe gerecht zu werden.

Der Schwerpunkt im Bereich Verkauf und Vertrieb liegt schließlich bei der Produktion und dem Verkauf von Textilien, insbesondere der bekannten »Altenberger Ministrantenkleidung«. Hier werden außerdem viele Materialien für Kampagnen und Aktionen der Träger der katholischen Jugendarbeit auf den Weg gebracht. Für den »Weltjugendtag 2005« in Köln werden alle Materialien von Print über Videos, Fahnen etc. bearbeitet und verschickt. Auch die jährliche Aktion »Ökumenischer Kreuzweg der Jugend«, bei der ca. 600.000 Jugendliche angesprochen werden, wird über den Arbeitsbereich abgewickelt.

Die in den letzten 50 Jahren gewachsenen Organisationsstrukturen und entwickelten Geschäftsfelder haben eine enge Anbindung an den Verband des Bundes der Deutschen Katholischen Jugend und seine Untergliederungen sowie an die Arbeitsstelle für Jugendseelsorge der Deutschen Bischofskonferenz. Die Nähe zu weiteren bundeszentralen Einrichtungen wie z. B. die Deutsche Jugendkraft (katholischer Sportverband) und die Bundesarbeitsgemeinschaft Katholische Jugendsozialarbeit ermöglicht für beide Seiten wichtige Kooperationen.

Von den Dienstleistungen der wirtschaftlichen Geschäftsbetriebe im jugendhaus düsseldorf profitieren beide Seiten, nicht nur in monetärer Hinsicht, sondern zum Beispiel bei der Produktentwicklung und der Erschließung von Zielgruppen, bei der die Ziele oder Aufgaben des Trägers kommuniziert werden und das vorhandene positive Imagepotenzial verstärkt wird.

Kritische Punkte

Die Geschäftsabwicklung bedarf einer professionellen Arbeitsstruktur, die sich bei gemeinnützigen Organisationen und Verbänden nicht selbstverständlich findet. Beim »jugendhaus düsseldorf« entwickelt sich diese Struktur prozesshaft und unterliegt verschiedenen Bedingungen einer modernen Organisation. Dies sind zum einen die für die heutige Zeit unabdingbare moderne EDV, spezifisches Fachwissen für die Geschäftsfelder Versicherungen, Verlag, Buchhandlung, Textilhandel, Direktmarketing, aber auch spezielle Kenntnisse der Zielgruppen und deren Besonderheiten. In den Geschäftsfeldern entstehen Beratungsaufgaben wie bei der Mediengestaltung, Lizenzverwaltung, Rechts- und Versicherungsfragen, Marketing und Inkasso-Management. Neben den operativen Arbeitsfeldern ist ein leistungsstarkes Rechnungswesen und ein Finanzcontrolling für die einzelnen Geschäftsfelder Bedingung. Die Projekte und Produkte werden vorfinanziert und nicht alle versprechen den gleichen Erfolg. Das Geschäftsrisiko ist nicht immer klar einschätzbar. Um das Qualitätsmanagement zu verbessern, hat das »jugendhaus düsseldorf« in Zusammenarbeit mit einer Beratungsfirma für die Geschäftsfelder Verlag, Versandbuchhandlung und Versicherung die Balanced Scorecard als Instrument modernen Controllings implementiert, um zusammen mit den Mitarbeitern unternehmerische Prozesse besser zu steuern und zu kontrollieren.

Gerade die Rolle der Mitarbeiterinnen und Mitarbeiter muss besonders betrachtet werden, da Sie mit betriebswirtschaftlichen Instrumenten agieren, aber einer größtenteils aus dem gemeinnützigen Bereich bestehenden Belegschaft gegenüberstehen, die andere Zielabsichten bei der Verrichtung ihrer Arbeitsaufträge kennt. Da ein anderes Verständnis zu betriebswirtschaftlichen Abläufen fehlt, sind Konflikte vorprogrammiert. Die Mitarbeiterinnen und Mitarbeiter sind den Notwendigkeiten eines effektiven Geschäftsverhaltens unterworfen, das oft Konflikte mit der Zielgruppe aufwirft, da sie ja »für einen guten Zweck« Produkte entwickeln, einkaufen und vertreiben, ohne selbst zumindest materiell profitieren zu können.

Erfolgskriterien

Die Entwicklung von Produkten findet beim »jugendhaus düsseldorf« in enger Kooperation mit dem gemeinnützigen Bereich statt. Allerdings sind nicht alle Projekte, die im gemeinnützigen Bereich kreiert werden, wirtschaftlich umzusetzen. Die Entwicklung stützt sich stark auf Trends und Anforderungen der Zielgruppe, die sehr genau beobachtet und analysiert werden.

Ein Beispiel für eine erfolgreiche Kooperation ist der »Ökumenische Kreuzweg der Jugend«, eine gemeinsame Aktion katholischer und evangelischer Jugendverbände, bei der ca. 600.000 Jugendliche erreicht werden. In der Vorbereitungsphase entwickelt eine Redaktionsgruppe Texte, Lieder und Bilder. Die Produktpalette umfasst 16 unterschiedliche Produkte vom Buch bis hin zur Diaserie, Powerpointpräsentation und einer Musik-CD. Bei diesen Projekten zwischen wirtschaftlichem Geschäftsbereich und gemeinnütziger Redaktion gibt es eine jahrelang effektiv verlaufende Kooperation. Die Aktion kommt dabei gänzlich ohne öffentliche oder kirchliche Zuschüsse aus. Die Erlöse werden reinvestiert und finanzieren gemeinnützige Arbeitsbereiche. Der Imagegewinn für die Herausgeber ist enorm.

Die erfolgreiche Kooperation kann jedoch nicht darüber hinweg täuschen, dass die Refinanzierung des gemeinnützigen Bereiches durch den Aufbau eines Wirtschaftsbetriebs bestimmter Voraussetzungen bedarf. Das »jugendhaus düsseldorf« greift auf gewachsenen Strukturen zurück, die sich in über 50 Jahren gebildet haben. Stephan Hiller, Abteilungsleiter im »jugendhaus düsseldorf«, weiss, dass das Potential der Zielgruppe im Prozess der Entwicklung und Planung von Geschäftsbetrieben entscheidend ist, da eine relative Sättigung des Marktes schnell erreicht ist. »Eine hohe Reinvestition in neue Ideen und neue Produkte, sprich den Wirtschaftsbetrieb, ist notwendig«, erklärt Hiller. »Dies kann gerade beim Aufbau in wirtschaftlichen Geschäftsbetrieben übersehen werden. Überwiegende Investitionen im gemeinnützigen Bereich binden finanzielle Spielräume, die aber letztendlich zur Weiterentwicklung der Gesamtorganisation notwendig sind«. Dabei darf, so Stefan Hiller, das Geschäftspotential eines Vorhabens nicht überschätzt werden. »Es reicht nicht eine Geschäftsidee, sondern mehrere Standbeine sind notwendig, um letztendlich auch konjunkturell bedingte Einbrüche zu überstehen. Die Erfahrungen zeigen, dass gerade bei Organisationen, die selbst wirtschaftlich tätig werden wollten, eine zu geringe Kapitaldecke bestand, um die notwendige Infrastruktur – Personal, Ausstattung, Marketing – aufzubauen und langfristig eine zufriedene Rendite zu erwirtschaften«

Das »jugendhaus düsseldorf« hat mit seinen unterschiedlichen Geschäftsbereichen ein einmaliges Rundum-Versorgungspaket für seine Zielgruppen geschaffen Es finanziert und unterstützt durch seine verschiedenen wirtschaftlichen Aktivitäten kirchliche Kinder- und Jugendorganisationen, die sicher nicht ohne seine übergeordnete Struktur überleben könnten. Mit dem »Label« »jugendhaus düsseldorf« assoziieren kirchliche Einrichtungen dabei Versicherungen, Bücher, den »Ökumenischen Kreuzweg der Jugend« und natürlich ein breites Dienstleistungsangebot.

Junges Hotel
Kurt-Schumacher-Allee 14
20097 Hamburg
Telefon 0 40 – 4 19 23 – 0
Telefax 0 40 – 4 19 23 – 5 55
e-mail: reception@jungeshotel.de
www.jungeshotel.de

Das im Mai 2000 eröffnete »junge Hotel« des CVJM Hamburg ist in vieler Hinsicht eine Be-
sonderheit: Ausgestattet mit drei Sternen bietet es Familien, Jugendlichen und Geschäftsreisenden eine günstige und komfortable Unterkunft in zentraler Lage nahe dem Hamburger
Hauptbahnhof. Neben den 133 Zimmern mit insgesamt 250 Betten bietet das Hotel auch
Räumlichkeiten für Tagungen und Veranstaltungen an. Mit den Überschüssen des Betriebs
soll mittelfristig ein Teil der sozialen Arbeit des CVJM im Stadtteil St. Georg finanziert werden
– ein Ziel, dessen Realisierung sich nach einem steinigen Weg nun langsam abzeichnet.

Entwicklungsgeschichte

Der Hamburger CVJM (Christlicher Verein Junger Menschen) ist Teil des internationalen YMCA-Bundes. Neben seinen Angeboten in der offenen Jugend- und Stadtteilarbeit betreibt der Verein in Hamburg mehrere sozialpädagogische Einrichtungen für Kinder. Das Konzept des CVJM baut traditionell auf ökonomische und organisatorische Selbständigkeit seiner Mitgliedsorganisationen. So erwirtschaftete der Hamburger CVJM etwa in den 80er Jahren einen guten Teil seiner Einnahmen durch einen »Russland-Reisedienst«, der durch Reise-Paket-angebote und Vermittlung bei den bürokratischen Einreise- und Aufenthaltsformalien der Sowjetunion in Spitzenzeiten bis zu einer Viertelmillion Mark jährlich in die Vereinskasse spülte. Mit der Öffnung des Ostens ging die Monopolstellung des Vereins auf diesem Markt an die großen Reiseveranstalter verloren. Für den Hamburger CVJM fiel das Wegbrechen der Einnahmequelle mit dem immer deutlicher spürbaren Rückgang öffentlicher Gelder zusammen. Der Vereinsvorstand musste sich daher Anfang der 90er Jahre nach neuen Geschäftsfeldern umsehen.

Das oberste Kriterium bei der Suche nach geeigneten Eigenmittel-Projekten war die Kompatibilität des Geschäftsbetriebs mit dem Vereinszweck. Als potentiell profitable Schnittmenge der Bereiche »internationaler Austausch« und »Jugend« fand der Vorstand bald das Konzept des »jungen Hotels«. Während der YMCA bereits in vielen großen Städten wie z.B. London, New York und Hongkong marktgängige Hotels betreibt, markierte das Unterfangen für den Hamburger Verein zunächst Neuland. Nach ersten Vorbereitungen des Projekts im engeren Kreis wurde die weitere Vorarbeit vom Schatzmeister des Vereins geleistet, der auf Grundlage von Recherche, Beratung und Gutachten einen Businessplan für das Hotel erstellte. In der weiteren Entwicklung wurden drei Ziele für das Projekt formuliert:

- Familien, jungen Leuten, Geschäftsreisenden und Touristen eine für sie passende, gute, bezahlbare und angenehme Unterkunft in Drei-Sterne-Qualität zu bieten;
- mit den Erlösen aus dem Hotelbetrieb die soziale und sportliche Arbeit des CVJM-Hamburg zu unterstützen;
- Langzeitarbeitslosen einen besonderen, tariflich bezahlten Arbeitsplatz und Jugendlichen Ausbildungsplätze anzubieten.

Auf dieser Basis wurde das Vorhaben von der Hauptversammlung des Vereins befürwortet und der Vorstand mit seiner Umsetzung beauftragt.

Konstruktion

Da das Investitionsvolumen für den Kauf des Grundstücks und den Neubau des Hotels mit rund 30 Millionen Mark für den Hamburger CVJM zu hoch war, brauchte der Verein für die Realisierung des Projektes Investoren. Durch Vermittlung des beauftragten Bauträgers konnte zur Finanzierung der Immobilienfonds »Bavaria Objekt- und Baubetreuungsgesellschaft« gewonnen werden. Sicherheiten für die Finanzierung und für folgende Betriebsmittelkredite konnte der CVJM über ein weiteres vereinseigenes Grundstück einbringen. Gefördert wurde der Betrieb darüber hinaus durch die Stadt Hamburg, die das Projekt im Rahmen des Armutsbekämpfungsprogramms mit zwei Millionen Mark für die Schaffung von Arbeitsplätzen für Langzeitarbeitslose bezuschusste. In der Konsequenz stehen von den ca. 40 Arbeitsplätzen im Hotel heute ein beträchtlicher Teil (18) für Langzeitarbeitslose und 12 für Auszubildende offen.

Als 100%ige Tochter des Vereins wurde die »junges Hotel Hamburg Betriebsgesellschaft mbH« gegründet, die bis heute das Hotel betreibt. Die GmbH arbeitet im operativen Geschäft selbständig und wird nur indirekt über die Gesellschafterversammlung (den Vereinsvorstand) und den quartalsmäßig zusammentretenden Aufsichtsrat kontrolliert. Dieser beschränkte Einfluss wurde dem Verein in Vorgesprächen mit dem Hamburger Finanzamt im Sinne des Erhalts der Gemeinnützigkeit nahegelegt. Zu den Auflagen der Konstruktion gehört auch, dass Kreditgeschäfte zwischen Verein und GmbH zu marktüblichen Konditionen erfolgen müssen und dass das Hotel Leistungen für den Verein nicht kostenlos, sondern lediglich zu Sonderkonditionen erbringen darf, um verdeckte Gewinnausschüttungen zu unterbinden. Die direkte Ausschüttung wird beim CVJM als Vermögensverwaltung geführt. Ein positives Betriebsergebnis erwartet Hoteldirektor Götz Diederichs bereits für das Jahr 2004.

Marketing

Der Markteinstieg des »jungen Hotels« im Mai 2000 verlief zunächst sehr positiv. Anders als bei der Eröffnung eines gewöhnlichen »Kettenhotels« erzielte der CVJM mit seinem sozial akzentuierten Unternehmenskonzept, das Beschäftigungsförderung, spezielle Zielgruppen und soziale Gewinnverwendung vereint, ein großes Medienecho und ein breites Interesse in Politik und Gesellschaft. Insbesondere in der gemeinnützigen Szene und bei den lokal ansässigen politischen Verbänden wurde das Angebot positiv aufgenommen. Bereits im ersten Sommer hatte das Hotel eine Auslastung von über 40%, was die optimistischen Prognosen der schnellen Rentabilität zu bestätigen schien.

Bald zogen jedoch die ersten Wolken am Marketinghimmel auf. Nicht nur blieb die erhoffte Vollbelegung zur Expo 2000 vollends aus, auch die Wachstumserwartungen erfüllten sich nicht wie angenommen. Darüber hinaus erwies sich der Zielgruppenfokus des Hotels als problematisch: Während sich im Kundensegment »Familien« vor allem die Ansprache als relativ schwer herausstellte, blieb im Jugendbereich die Nachfrage zurück, weil der Preis für Übernachtungen im Mehr-Bett-Zimmer mit ca. 50 Euro für die meisten Jugendgruppen immer noch zu hoch lag.

Somit rückten mehr und mehr die Geschäftskunden in den Mittelpunkt der Marketingbemühungen. Während das Wochenende weiterhin auf Tourismus ausgerichtet blieb, sollte unter der Woche verstärkt der Business-Bereich angesprochen werden. Doch auch hier wurde bald ein zentrales Problem deutlich: Das in der bisherigen Marketingstrategie stark betonte soziale Image des Hotels löste bei den Unternehmen vielfach die Assoziation minderer Marktqualität aus. Oft genug hatte der Begriff »jung« im Zusammenhang mit dem gemeinnützigen Verein den Klang einer Jugendherberge. Die Anfragen häuften sich, ob man denn im Hotel auch als »regulärer Erwachsener« übernachten könne.

Das Leitungsteam entschloss sich daher 2002 zu einer Wende im Marketing-Konzept des Hotels. In einem umfangreichen »Relaunch« wurden aus der Außendarstellung und dem Design des Hotels alle Anklänge an den Jugendbereich entfernt. Das soziale Unternehmenskonzept und die Verbindung zum CVJM werden nun auf der Webseite zwar noch erwähnt aber nicht mehr offensiv nach außen kommuniziert. Der neue Slogan lautet »Ein Hotel wie die Stadt – jung, dynamisch, individuell«.

nachher   vorher

Im Vertriebskonzept zeichnet sich dabei gleichzeitig eine differenzierte Akquisestrategie ab, die sich aus den Erfahrungen mit den jeweiligen Zielgruppen ableitet:
- Die Reisedienstleiter in den Firmen achten bei Gewährleistung professioneller Standards vor allem auf den günstigen Preis. Verkaufsargument sind im Businessbereich daher die für den Drei-Sterne-Standard vergleichsweise günstigen Tarife.
- Auch für Einzelgäste ist kostengünstiger Komfort entscheidend. Dennoch wirkt das Bewusstsein, mit dem Aufenthalt »etwas Gutes zu tun« oft genug als positive Differenzierung gegenüber regulären Hotel-Ketten und kann hier entsprechend eingesetzt werden.
- Bei Verbänden und gemeinnützigen Trägern stehen weiterhin die sozialen Aspekte des »jungen Hotels« im Vordergrund. Darüber hinaus bieten hier die Tagungsmöglichkeiten im Hotel ein gutes Verkaufsargument.

Kritische Punkte

Die Geschichte des »jungen Hotels« ist ein Lehrstück zum »Marketing-Dilemma« vieler sozialer Unternehmen: Während die dem Träger zugängliche Zielgruppe (Jugendliche) nicht sonderlich zahlungskräftig ist, sind zahlungskräftige Zielgruppen (etwa Geschäftskunden) dem Verein schwerer zugänglich und für das soziale Image des Produkts nicht unbedingt empfänglich. Im Fall des »jungen Hotels« ist neben den widrigen Rahmenbedingungen (Tourismuseinbruch, Konjunkturschwäche und der allgemeine Verdrängungsmarkt in der Hotelbranche) vor allem die Unterschätzung dieses Dilemmas ein kritischer Punkt: »Wir haben uns das schöngerechnet. Wir waren so überzeugt, dass wir skeptische Stimmen beiseite geschoben und gesagt haben, das wird schon klappen«, erinnert sich Frank Düchting, Geschäftsführer des CVJM.

Die überoptimistische Planung führte unter anderem dazu, dass das Projekt mit zu wenig Eigenkapital ausgestattet wurde. Die Startphase bis zur finanziellen Eigenständigkeit wäre statt mit knapp drei Jahren besser mit fünf Jahren veranschlagt gewesen, der Betriebsmittelkredit von einer halben Million Euro hätte gut das Dreifache betragen können, um die rund 250.000 Euro monatliche Kosten (Pacht, Personal und Wareneinsatz) auch bei Unterauslastung zu decken. So musste der CVJM Hamburg dem Hotel immer wieder mit Krediten aushelfen und Sicherheiten bereitstellen, um Engpässe im Betrieb zu überbrücken. Da auch die Vereinsaktivitäten hierdurch in den letzten Jahren eingeschränkt waren, bedurfte es großer Vermittlungskunst, um die Anlaufschwierigkeiten des Projektes gegenüber der durch optimistische Prognosen erwartungsvoll gestimmten Mitgliedschaft zu rechtfertigen. »Dass Gewinn etwas mit Risiko zu tun hat, dass man in der Ökonomie auch verlieren kann, wenn man einen Fehler macht, das war in unserem Verein die schwierigste Klippe«, resümiert Frank Düchting.

Erfolgsfaktoren

Trotz der beschriebenen steinigen Anlaufphase ist das »junge Hotel« ein einzigartiges und beachtliches Projekt, das sich voraussichtlich in absehbarer Zukunft für den CVJM als rentable Investition erweisen wird. Als einer der Erfolgsfaktoren ist hierbei die Nutzung der sozialen Netzwerke des CVJM zu sehen. Die weitreichenden Kontaktnetze des Vereins waren nicht nur im Aufbauprozess des Hotels hilfreich, sondern sind bis heute bei der Vermarktung der Angebote insbesondere im gemeinnützigen Bereich ein wichtiger Kommunikationskanal.

Ein zweiter Erfolgsfaktor ergibt sich aus der erfolgreichen Kapitalnutzung im Rahmen des Projektes. Während die Eigenmittel des Vereins begrenzt waren, konnte der CVJM seine Liegenschaften als Sicherheiten für Fremdkapital erfolgreich einsetzen und so ein umfangreiches Investitionspaket schnüren. Dies ist nicht nur dem Glück geschuldet, dass dem Verein vor Jahren ein Grundstück in guter Lage geschenkt wurde, sondern auch der Tatsache, dass er dieses Kapital betriebswirtschaftlich zu nutzen wusste.

In diesem Zusammenhang ist als dritter Punkt die im CVJM wirkende unternehmerische Kultur zu erwähnen, die für das Projekt einen wichtigen Nährboden darstellt. »Wenn der Vorstand nur aus Pädagogen, Soziologen und Sozialarbeitern bestände, würden wir nicht weit kommen. Man braucht eine gewisse wirtschaftliche Kompetenz. Wenn ein Verein keine Affinität zur Ökonomie hat, kann er solch ein Projekt nicht machen«, urteilt Frank Düchting. Diese Affinität hat der CVJM, der im Vorstand Betriebsprüfer und Juristen vereint und im Hotelbetrieb eine professionelle Belegschaft vorweisen kann, die dem Attribut »jung und dynamisch« ebenso gerecht wird, wie den drei Sternen des Hotels.

HausRheinsberg gGmbH – Hotel am See
Donnersmarckweg 1
16831 Rheinsberg
Telefon 03 39 31 – 3 44 – 0
Telefax 03 39 31 – 3 44 – 5 55
e-mail: post@hausrheinsberg.de
www.hausrheinsberg.de
Stiftung: www.fdst.de

Mit dem »Haus Rheinsberg« betreibt die Fürst Donnersmarck-Stiftung seit 2002 ein barriere-
freies Hotel im brandenburgischen Kurort Rheinsberg. Das als gemeinnützige GmbH geführte
Hotel steht nicht unter dem Motiv der Eigenmittel-Erwirtschaftung, sondern ist für die Stiftung eine vor allem inhaltlich begründete Investition, die ihr soziales und kulturelles Dienstleistungsangebot für Körperbehinderte sinnvoll ergänzt. Der Aufbau der Haus Rheinsberg
gGmbH wurde von einem umfangreichen Organisationsentwicklungsprozess in der Stiftung
begleitet, der die Stärkung der Kommunikationsfähigkeit zwischen den beteiligten Akteuren
zum Ziel hatte.

Entwicklungsgeschichte

Die Geschichte von Haus Rheinsberg geht auf den Anfang der 90er Jahre zurück. Der Fürst Donnersmarck-Stiftung stellte sich damals die Aufgabe, Überschüsse aus der Verwaltung des – vor allem in Immobilien und Rentenpapieren angelegten – Stiftungsvermögens einer finanziell sinnvollen und mit den Zwecken der Stiftung kompatiblen Verwendung zuführen zu wollen (und steuerrechtlich auch zu müssen). Auf einer Zukunftswerkstatt zur Sammlung von Investitionsmöglichkeiten entstand zwischen Stiftungsmitarbeiter/innen und Nutzer/innen der Angebote die Idee eines barrierefreien Gästehauses, aus der sich in weiteren Diskussionen das Konzept eines Hotels mit Pflege- und Tagungsmöglichkeiten schälte.

Mit der Entscheidung für das Hotelprojekt begann die Stiftung, Gelder zum Bau des Hauses zurückzulegen. Zur Genehmigung dieser zweckgebundenen Rücklagen musste beim Finanzamt eine vorläufige Konzeption und Finanzplanung für das Projekt eingereicht werden, die allerdings in den folgenden Jahren noch mehrmals umgestellt wurde. Geschäftsführung und Projektteam mussten in diesem Planungsprozess stets zwischen den Ansprüchen der Stiftung, den Bedürfnissen ihrer Klienten und potentiellen Nutzer/innen und den engen Vorschriften des Steuer- und Gemeinnützigkeitsrechts navigieren.

Konstruktion

Als Träger des Hotels wurde eine gemeinnützige GmbH gegründet, deren alleinige Gesellschafterin die Fürst Donnersmarck-Stiftung ist. Die Haus Rheinsberg gGmbH wird dabei als Tochtergesellschaft wirtschaftlich selbständig geführt. Eine wichtige Bedingung für die Anerkennung der Gemeinnützigkeit der Gesellschaft war die Zugangsbeschränkung des Hotels. So richtet sich das Übernachtungsangebot hauptsächlich an Menschen mit mindestens 50%iger Behinderung und deren Begleitung und Angehörige sowie an Mitarbeiter/innen gemeinnütziger und öffentlicher Träger.

Den größten Teil der Investitionssumme von rund 30 Millionen Euro brachte die Stiftung als Beteiligung aus den zweckgebundenen Rücklagen und aus ihrem operativen Budget in die Gesellschaft ein. Mit der Stiftungsaufsicht und dem Finanzamt konnte dabei geklärt werden, dass die satzungsgemäße Mittelverwendung (im Sinne der Unmittelbarkeit) auch über die Durchführung des Projektes durch die 100%ige Tochtergesellschaft gewährleistet ist. Neben den Eigenmitteln wurde der Bau zudem zu 15% durch die Infrastrukturförderung des Landes Brandenburg im Bereich Touristik finanziert.

Die Übernachtungspreise sind in Anbetracht des Vier-Sterne-Standards des Hotels mit z.Zt. durchschnittlich 50 Euro sehr günstig. Dabei können die Betriebskosten des Hauses bei derzeit 60–80%iger Auslastung noch nicht vollständig durch den Gästebetrieb getragen werden. Vorteilhaft ist, dass die Gesellschaft keine Gewinne abwerfen muss (was sie als gGmbH darüber hinaus auch nicht darf), da die Stiftung das Unternehmen nicht zur Eigenmittel-Erwirtschaftung betreibt, sondern darin vielmehr eine inhaltlich begründete Investition sieht. Positive finanzielle Nebenwirkungen für die Stiftung ergeben sich dennoch aus der langfristigen Abschreibung der Investitionssumme, die den Cash Flow der Stiftung stärkt. Um das

Vermögen der Stiftung langfristig zu sichern, wurde darauf geachtet, das Hotel marktfähig zu bauen und es so auch für den allgemein-kommerziellen Gastbetrieb nutzbar zu halten.

Kritische Punkte

Neben der inhaltlichen Kontroverse um die in der Zugangsbeschränkung des Hotels angelegten Integrationsproblematik (Stichwort: »Ghetto oder Oase?«) gaben vor allem die Planungsrisiken des Projektes im Vorfeld Raum für Skepsis. In Anbetracht des hohen Investitionsumfangs stellte sich die Frage, ob die Stiftung es jemals schaffen würde, das Hotel an den Markt zu bringen, doppelt kritisch. Intern wurde in diesem Zusammenhang vor allem der Mangel an Marketing-Know-how in der Stiftung kritisch gesehen. Wolfgang Schrödter, Geschäftsführer der Fürst Donnersmarck-Stiftung, beschloss daher, für den Aufbau des Marketing-Konzeptes eine Agentur ins Haus zu holen. In monatlichen Sitzungen, an denen neben der Geschäftsführung auch Vertreter aller Arbeitsbereiche der Stiftung teilnahmen, näherten sich beide Seiten aneinander an. Den Marketing-Fachleuten fiel es dabei zunächst schwer, die ideellen Ziele im Gefüge der wirtschaftlichen Aktivitäten der Stiftung nachzuvollziehen. Für die Stiftungsmitarbeiter/innen war es demgegenüber schwierig, sich auf die »wertneutrale« Logik der Marktorientierung einzustellen. »Eine ,marketing-minded' Organisation zu schaffen«, resümiert Wolfgang Schrödter diesen mittlerweile vierjährigen Prozess »ist ein Riesenschritt in Denken und Akzeptanz«.

Die Marketing-Sitzungen fügen sich als Baustein in einen breit angelegten Organisationsentwicklungsprozess, der alle Bereiche und Arbeitsebenen der Stiftung einbezieht. In diesem Prozess wird auch intern immer wieder die Spannung verschiedener Zielorientierungen und Stile deutlich, etwa in den Kategorien der »Denker« und »Macher«, die auf einer Team-Sitzung als wechselseitige Stereotype den Spalt zwischen Prozess- und Beteiligungsorientierungen einerseits und Aktions- und Managementorientierungen andererseits beschreiben.

Erfolgsfaktoren

In der Betrachtung des Erfolgs beim Aufbau und Betrieb von Haus Rheinsberg lassen sich zwei wichtige Faktoren ausmachen, die die beschriebene Spannung in Stärke verwandeln: die Nähe der Stiftung zu ihren Klienten und die zweiseitige Kompetenz ihrer Führung.

Da die Fürst Donnersmarck-Stiftung schon seit über 50 Jahren Dienstleistungen im Behindertenbereich anbietet und durch ihr Gästehaus in Bad Bevensen über einige branchenspezifische Erfahrung verfügt, kann sie mit dem Haus Rheinsberg eine Qualität anbieten, die sehr nah an den Bedürfnissen ihrer Kunden liegt. Wo zusätzlicher Entwicklungsbedarf bestand, wurde die starke Verbindung zur Zielgruppe im Planungsprozess optimal genutzt. Das gewählte Geschäftsfeld fügt sich dabei nahtlos in die »Wertschöpfungskette« und das Angebotsprofil der Stiftung und ist durch das sehr spezielle Marktsegment vom Druck direkter Konkurrenz weitgehend befreit.

Neben der starken Verwurzelung in der Nutzerbasis verdankt die Stiftung den Erfolg des Rheinsberger Projektes auch seiner Führung. Mit Wolfgang Schrödter hat die Fürst Donnersmarck-Stiftung einen Geschäftsführer, der durch langjährige Managementerfahrung im Profit- und Nonprofit-Bereich kompetent und glaubwürdig zwischen den Sphären der »Denker« und der »Macher« vermitteln kann und den Brückenschlag zwischen der sozialen und der betriebswirtschaftlichen Realität in der Stiftung seit 1997 mit viel Energie vorantreibt.

Eine-Welt-Laden mbH Jena
Unterm Markt 13
07743 Jena
Telefon 0 36 41 – 6 36 95 04
Telefax 0 36 41 – 6 36 95 05
e-mail: weltladen@einewelt-jena.de
www.einewelt-jena.de

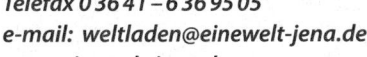

Der Jenaer Eine-Welt-Haus e.V. ist ein entwicklungspolitischer Verein, der sich für Solidarität, Austausch und Verständigung im Nord-Süd-Kontext einsetzt. An den Verein angegliedert ist ein Eine-Welt-Laden, über den fair gehandelte Produkte vertrieben werden. Die Arbeit des Eine-Welt-Hauses wird über die Einnahmen des Ladens mitfinanziert.

Entwicklungsgeschichte

Das Eine-Welt-Haus wurde 1990 als gemeinsame Idee verschiedener Gruppen der unabhängigen Solidaritäts-Bewegung der DDR gegründet. Mit Unterstützung der Stadt entstand damals im Jenaer Stadthaus das Eine-Welt-Haus, unter dessen Dach sich verschiedene Engagierte, Initiativen und Vereine sammelten. Als zentrale Aufgabenfelder nahm der Verein die Bereiche Bildungsarbeit, Entwicklungszusammenarbeit und den »Fairen Handel« ins Visier.

Bereits zwei Jahre nach seiner Gründung legte das Finanzamt dem Eine-Welt-Haus nahe, seine wirtschaftlichen Aktivitäten (den Vertrieb fair gehandelter Produkte) auszulagern, um die Gemeinnützigkeit des Vereins nicht zu gefährden. Für die Auslagerung wurde die Form des »Nicht eingetragenen Vereins mit beschränkter Haftung« gewählt. Der Aufbau des »Eine-Welt-Laden mbH« erfolgte mit verhältnismäßig geringen Investitionen. So wurde die Arbeit zunächst durch Ehrenamtliche übernommen, die Ware überwiegend auf Kommissionsbasis in Bestand genommen. Die Mitgliedschaft in der FAIRE Warenhandels-Genossenschaft, die als Mittler zwischen Importorganisationen und Weltläden fungiert, ermöglichte zudem günstige Einkaufs- und Lieferkonditionen.

Mit dem Rückgang des ehrenamtlichen Engagements und den wachsenden Umsätzen im Laden wurde der Druck zur professionellen Struktur immer stärker. Als der Umsatz 1994 eine Höhe von 300.000 DM erreicht hatte, entschloss man sich, eine hauptamtlichen Stelle für den Laden einzurichten. Zwei Jahre später kam eine Geschäftsführerstelle hinzu, die den ehrenamtlichen Vorstand des Ladens entlasten sollte. Heute wird das Geschäft von den Hauptamtlichen gemanagt, während ehrenamtliche Arbeit auf den Verkauf im Laden beschränkt ist.

Konstruktion

Der »Nicht eingetragene Verein mit beschränkter Haftung« ist im Körperschaftsrecht nicht als eigene Rechtsform vorgesehen und ist eine juristische Kuriosität. Als Verein hat er dieselbe Gremienstruktur wie ein e.V., mit dem Unterschied, dass die Vorstände nicht öffentlich registriert werden müssen. Die Haftungsbeschränkung, die Schutz im Schadens- oder Insolvenzfall gibt, wird dabei allein durch Satzungsklauseln festgelegt. Nach neuerer Rechtsprechung wird diese satzungsmäßige Regelung allerdings in Frage gestellt, womit – wie bei nicht-eingetragenen Vereinen üblich – im Zweifelsfall alle Mitglieder persönlich für etwaige Forderungen haften. Der Eine-Welt-Laden hat dieses Risiko durch Versicherungen weitgehend begrenzt.

Die meisten Mitglieder des Eine-Welt-Haus e.V. sind gleichzeitig Mitglieder des Eine-Welt-Laden mbH. Durch diese Konstruktion der Doppelmitgliedschaft soll vor allem die Mitgliederkontrolle über den ausgelagerten Betrieb gewährleistet werden. Die Geschäftsführung des Ladens wird dabei von der Mitgliederversammlung bestätigt, entscheidet im täglichen Geschäft allerdings eigenständig.

Der Geldtransfer zwischen Laden und eingetragenem Verein erfolgt nicht als Ausschüttung, sondern findet im Rahmen eines Sponsoring-Vertrages statt, über den der Laden einzelne Projekte des Eine-Welt-Hauses fördert. Da Sponsoringausgaben allerdings eine umsatzbezogen definierte Obergrenze haben, beträgt diese direkte Unterstützung nur 2.000 bis 3.000

Euro im Jahr. Ein indirekter Transfer findet darüber hinaus durch die Übernahme von Miet- und Nebenkosten für die gemeinsam genutzten Räumlichkeiten (durch Untermietvertrag an den Laden mbH) und durch eine Anteilsfinanzierung der technischen Ausstattung statt.

Marketing

Der Eine-Welt-Laden vertreibt schwerpunktmäßig fair gehandelten Kaffee und Tee sowie Kunsthandwerk und Manufakturprodukte (etwa Textilien, Schreibwaren und Schnitzwerk). Der Zusatz »fair« bedeutet dabei, dass die Herstellung der Produkte vollständig im Ursprungsland (im Falle des Eine-Welt-Ladens vorwiegend innerhalb Lateinamerikas) in ökologisch und sozial nachhaltiger Form erfolgt.

Die Vermarktung der Produkte findet in sehr enger Verknüpfung mit der Bildungs- und Aufklärungsarbeit zur Thematik des Welthandels im Nord-Süd-Kontext statt. »Wir versuchen, durch Informationen, kulturelle Veranstaltungen und nicht zuletzt durch den Verkauf fair gehandelter Produkte auf Ungerechtigkeiten hinzuweisen, denen sich die Produzenten vieler Waren auf dem Weltmarkt gegenübersehen«, erklärt Utz Dornberger, Mitgründer und Vorstandmitglied des Eine-Welt-Hauses. Kritisch ist dabei die verhältnismäßig kleine entwicklungspolitische Szene in Jena. Während Eine-Welt-Läden in Berlin oder Hamburg sich auf eine relativ große Marktnische stützen können, ist man in Jena darauf angewiesen, Kunden in breiteren Gesellschaftskreisen anzusprechen und überregional zu vermarkten.

Während der Eine-Welt-Laden heute gut läuft, waren andere wirtschaftliche Projekte des Trägers weniger erfolgreich. So ist der Versuch des Vereins, seine Regionalkompetenz im Bereich Lateinamerika als Dienstleistung an Unternehmen zu vermarkten, bislang gescheitert. In einer entsprechenden Initiative mit der Thüringer Außenwirtschafts-Fördergesellschaft wurde bald klar, dass sich die Beratungskompetenz des Eine-Welt-Hauses nur schwer nach außen darstellen ließ. Zu ungewohnt war für die potentiellen Businesskunden das »Doppelleben« des Vereins, zu unklar sein Angebotsprofil. Da Aufträge ausblieben, wurde das Projekt bald aufgegeben. Das regionale Know-how wird statt dessen heute von einzelnen Mitgliedern in privaten Beratungsagenturen genutzt.

Kritische Punkte

Problematisch ist für das Eine-Welt-Haus Jena vor allem die Mitgliederintegration. Wie bei vielen wirtschaftlich aktiven Organisationen sind besonders die »Randzonen« der Mitgliedschaft von Abwanderung bedroht: Auf der einen Seite stehen dabei die unternehmerisch orientierten Mitglieder, denen die basisdemokratische Vereinsstruktur tendenziell zu träge ist, und die ihr unternehmerisches Tun oft lieber auf eigenes Risiko mit entsprechendem Eigennutz betreiben (etwa in den oben beschriebenen Beratungsagenturen). Auf der anderen Seite stehen stärker politisch-ideell orientierte Mitglieder, die sich aus der Organisation zurückziehen, weil sie im Geschäftsbetrieb die Gefahr der Kommerzialisierung und eine Abkehr vom politischen Anspruch des Vereins sehen. Mit der Abwanderung dieser beiden »Macher«-Gruppen geht

dem Eine-Welt-Haus Energie und Kompetenz verloren, die durch extern rekrutierte hauptamtliche Mitarbeiter nur schwer ersetzt werden kann.

Erfolgsfaktoren

Trotz der beschriebenen zweiseitigen Abwanderungsbedrohung im Verein ist klar, dass der
faire Handel sehr gut zum ideellen Zweck des Eine-Welt-Haus e.V. passt und somit vergleichsweise wenig Reibung im Parallelbetrieb der beiden Vereine entsteht. Haus und Laden bilden
dabei nicht nur eine friedliche Koexistenz, sondern eine beidseitig vorteilhafte und vielseitige
Symbiose: Während der Laden dem Haus Anschubunterstützung gab, unterstützt das Haus
den Laden durch fortlaufendes Sponsoring. Darüber hinaus profitiert der Laden vom Haus
durch den Einsatz von Ehrenamtlichen, das Haus vom Laden wiederum durch ein handfestes
und klar strukturiertes Einsatzfeld für neue und treue Mitglieder. Schließlich eröffnet das Haus
dem Laden Zugang zu einem Nischenmarkt, während der Laden dem Haus neue Bereiche
der Öffentlichkeit erschließt. »Über die Produkte werden Inhalte auch an Leute gebracht, die
man sonst nie erreichen würde«, erläutert Utz Dornberger diesen Effekt. Die Schnittmenge
von ideellem und wirtschaftlichem Angebot ist dabei sicherlich einer der zentralen Punkte,
der das Modell des Eine-Welt-Haus e.V. in Jena erfolgreich und interessant macht.

Stiftung Synanon
Bernburger Str. 10
10963 Berlin
Telefon 0 30 – 5 50 00 – 00
e-mail: info@synanon.de
www.synanon.de

Synanon

LEBEN OHNE DROGEN

STIFTUNG SYNANON

»Synanon« ist eine Suchthilfe-Gemeinschaft, die 1971 von Betroffenen für Betroffene in Berlin gegründet wurde. Die »Stiftung Synanon« unterhält diverse therapeutische Wohnprojekte und eine Reihe von Zweckbetrieben, über die sie ihre Arbeit zu über einem Drittel finanziert.

Entwicklungsgeschichte

»Synanon« hat eine lange und spannende Geschichte, die sich kaum in einem Absatz schildern lässt. Das »Synanon«-Modell stammt ursprünglich aus den USA und wurde Anfang der 70er Jahre in Deutschland übernommen. So wie jenseits des Atlantiks war »Synanon« in den Anfängen seiner deutschen Entwicklung als dauerhafte Lebensgemeinschaft angelegt, die bald auf über 500 Personen anwuchs. Heute versteht sich die Organisation dagegen als »Lebensschule«, in der in maximal drei Jahren ein Zyklus von Ausbildungs- und Therapieschritten durchlaufen wird. Während die »Synanon«- Bewohner/innen im ersten halben Jahr noch Sozialhilfe beziehen, müssen sie in der Folgezeit zu ihrem Unterhalt durch Arbeit in den Zweckbetrieben der Organisation selbst beitragen.

Die ersten und heute größten »Synanon«-Betriebe, Umzüge und Druckerei, wurden bereits mit Gründung der Organisation aufgebaut. Über die Jahre kamen die Bereiche Catering, Reinigung, Wäscherei, Vermarktung, Tischlerei, Töpferei und Elektrotechnik sowie ein Fachverlag mit Publikationen zum Thema Sucht und Drogen dazu. Angegliedert waren darüber hinaus bis 2000 zwei landwirtschaftliche Betriebe in Hessen und Brandenburg.

Das rapide personelle und finanzielle Wachstum von »Synanon« in den ersten 25 Jahren vollzog sich weitgehend ohne strukturelle Reifung der Organisation. Der stark auf die Gründerpersonen zugeschnittenen informellen Struktur des Vereins standen somit kaum formale Entscheidungs- und Kontrollmechanismen gegenüber. Zum Ende der 90er Jahre entwickelten sich mehrere Fehlinvestitionen auf diesem Hintergrund zu einem finanziellen Desaster, das »Synanon« in einem Schuldenloch von 80 Millionen Mark versinken ließ.

Durch ein umfangreiches Crash-Management kam die Organisation mit Hilfe des Kaufmanns Uwe Schriever innerhalb von drei Jahren wieder auf die Beine. In diesem Zusammenhang wurden auch die Geschäftsführung und der Vorstand von »Synanon« abgelöst und die Aufgaben des Vereins von der »Stiftung Synanon« übernommen.

Konstruktion

Die mit der Stiftungsgründung verbundene langfristige Festschreibung der Organisationszwecke und Prüfung durch die Stiftungsaufsicht sollte die interne Stabilität der Organisation stärken und die in der Öffentlichkeit entstandene Vertrauenslücke schließen. Zusätzlich wurde ein Kuratorium mit Unterstützern und Persönlichkeiten aus Wirtschaft und Politik eingerichtet. Die Geschäfte der Stiftung werden nach diesem Umbau nun dreifach geprüft – durch ein Wirtschaftsprüfungsbüro, durch das Kuratorium und durch die Stiftungsaufsicht.

Der selbsterwirtschaftete Anteil der Finanzierung von »Synanon« liegt derzeit bei 35 bis 40%; ein vergleichbarer Anteil ergibt sich aus Spenden und Bußgeldern. Der Rest wird durch die eingangs noch bezogenen Sozialhilfe-Sätze der Bewohner sowie durch Senatsförderungen und andere Zuwendungen finanziert. Nach einer entsprechenden Satzungsänderung baut die Stiftung nun auch ein Portfolio an Unternehmens-Beteiligungen auf, die allerdings nicht primär zusätzliche Einnahmen für »Synanon«, sondern vor allem Ausbildungs- und

Arbeitsplätze für »Synanon«-Bewohner/innen nach dem Durchlaufen des Programms garantieren sollen.

Marketing

Das Marketing in den verschiedenen Zweckbetrieben von »Synanon« hat je ein recht unterschiedliches Profil. Während im Druckereibereich die Konkurrenz hart ist, und sich »Synanon« hier über einen niedrigen Preis zu profilieren versucht, agiert der Umzugsbereich am oberen Preissegment des entsprechenden Marktes, und kann sich dabei auf einen hohen Bekanntheitsgrad stützen. Um dem Vorwurf des unlauteren Wettbewerbs durch Steuersubventionierung den Boden zu entziehen, gleichen die Zweckbetriebe die verminderte Mehrwertsteuer für ihre Leistungen so aus, dass marktübliche Bruttopreise entstehen.

Kritische Punkte

Der für Träger von Zweckbetrieben typische Zielkonflikt findet sich auch bei »Synanon«. Zwar ist die Suchthilfe unbestritten das oberste Stiftungsziel, dem sich alle weiteren Ziele unterordnen; dennoch ergeben sich aus der betriebswirtschaftlichen Eigenlogik der Zweckbetriebe und der Abhängigkeit der Stiftung von ihrer Finanzierung Handlungszwänge, die im Organisationsalltag nicht zu vernachlässigen sind. So entsteht zuweilen bei größeren Aufträgen eines Zweckbetriebs (etwa dem Umzug eines Großunternehmens) ein Personalbedarf, der mit dem Therapie- und Ausbildungsprogramm der Bewohner/innen kollidiert. In diesem Fall müssen die therapeutischen Ziele mit den betriebswirtschaftlichen in Abgleich gebracht werden. »Dann müssen wir in der Zeit ein paar inhaltliche Dinge für diese Leute hintan stellen. Aber wenn das Projekt dann abgeschlossen ist, geht es andersherum, das heißt wir lassen ein paar betriebliche Dinge hintan stehen und lassen mal einen Auftrag nicht zu, um das aufzufangen«, erklärt Peter Elsing, ehemaliger Vorstandsvorsitzender von »Synanon«.

Ein weiterer kritischer Punkt ist die im System angelegte hohe Fluktuation in den Zweckbetrieben. Da rund 50% der Aufgenommenen das »Synanon«-Programm bereits in der ersten Tagen abbrechen, erfolgt die Zuteilung zu den Zweckbetrieben erst nach einer gewissen Anlaufphase. Dennoch liegt die durchschnittliche Verweildauer in den Betrieben deutlich unterhalb des Durchschnitts der jeweiligen Branche. Sofern Ausziehende nicht eine der derzeit rund 30 Angestellten-Positionen bei »Synanon« übernehmen, geht ihre Kompetenz den Betrieben nach dieser Zeit verloren.

Extern sind für die Arbeit von »Synanon« vor allem die sozial- und arbeitsmarktpolitischen Rahmenbedingungen kritisch. So werden die neuen gesetzlichen Regelungen im Zuge von Hartz IV weitgehende Auswirkungen auf »Synanon« haben, die das Gesamtkonzept der bisherigen Finanzierung in Frage stellen.

Erfolgsfaktoren

In seiner über 30jährigen Geschichte hat »Synanon« einige Erfahrung mit dem Aufbau und Management von Zweckbetrieben entwickelt. Die Stiftung gleicht heute einem kleinen Konzern, zu dem immer wieder neue Bereiche hinzukommen, während andere eingestellt oder ausgegliedert werden. Als erfolgskritisch bei der Entwicklung neuer Betriebe sieht Peter Elsing vor allem die Startphase, in der Schubkraft und Bedachtsamkeit balanciert werden müssen. »Es braucht einen, der die Sache macht, und wenn der davon überzeugt ist, überzeugt er die anderen«, erklärt Elsing. Dabei hält »Synanon« die Investitionen für den Start neuer Betriebe in der Regel eher niedrig, da sich erst zeigen muss, wie tragfähig die Geschäftsidee und das Engagement der Beteiligten sind. 12 bis 15 Monate braucht es dann im Durchschnitt, bis ein Zweckbetrieb schwarze Zahlen schreibt.

Ein gutes Beispiel gibt Clean up, der jüngste Betrieb von »Synanon«. Als im Frühjahr 1998 eine Firma anfragte, ob man ein größeres Gebäude säubern könnte, fanden sich schnell einige Bewohner, die die Aufgabe übernahmen und daraus eine Geschäftsidee machten. Mit einem VW Bus und Startkapital von 20.000 DM wurde »Clean Up« gegründet – heute anerkannter Ausbildungsbetrieb und erfolgreiche Dienstleistungsfirma mit 25 Beschäftigten.

Im Management der Zweckbetriebe baut »Synanon« auf eine schrittweise, aber begrenzte Expansion. Die optimale Größe eines Betriebs ergibt sich dabei aus der Balance zwischen der Ausnutzung von Skalenerträgen und einem möglichst geringen Koordinations-Aufwand. Dabei ist es der Stiftung auch wichtig, personell autark zu sein, also keine externen Mitarbeiter/innen anwerben zu müssen. So besteht nicht nur die Belegschaft der Zweckbetriebe aus Bewohner/innen von »Synanon«, auch die Betreuungs- und Leitungsstruktur sowie der Vorstand der Stiftung rekrutiert sich aus Betroffenen.

Die sich daraus ergebende starke gemeinsame Kultur innerhalb von »Synanon« kann als weiterer wichtiger Erfolgsfaktor der Arbeit gelten. Durch den gemeinsamen Hintergrund als nüchtern lebende Süchtige werden die beschriebenen Zielkonflikte und der Spalt zwischen ideeller und betriebswirtschaftlicher Logik überbrückt. Es ergibt sich daraus eine Kultur der »klaren Ansage« im Betreuungsbereich und der Fehlertoleranz in den Zweckbetrieben. Diese Fehlertoleranz nennt Peter Elsing die 80:20 Regel im »Synanon«-Führungsstil: »Wenn 80% laufen, dann kann man damit leben dass 20% nicht laufen. Man lernt aus nichts mehr als aus Fehlern«, meint er.

Pfefferwerk Verbund
c/o Stiftung Pfefferwerk
Fehrbelliner Str. 92
10119 Berlin
Telefon 0 30 – 44 37 176
Telefax 0 30 – 44 37 17 46
www.pfefferwerk.de

Der »Pfefferwerk Verbund« ist ein Netzwerk sozial-kultureller und gewerblicher Einrichtungen, die auf dem denkmalgeschützten Pfefferberg Brauereigelände im Berliner Stadtteil Prenzlauer Berg angesiedelt sind. Die Verbund-Organisationen verfolgen das gemeinsame Ziel, durch gemeinwesenorientierte Angebote die Lebens-, Arbeits- und Wohnbedingungen im Umfeld nachhaltig zu verbessern. Der Verbund ist neben seinem breiten inhaltlichen Programmspektrum vor allem in Hinblick auf seine organisatorische Konstruktion bemerkenswert, da er viele unterschiedliche Rechtsformen integriert.

Entwicklungsgeschichte

Als erste organisierte Gruppe nahm 1990 eine Initiative von Anwohner/innen, Künstler/innen, sozial Engagierten und Kleingewerbetreibenden das Pfefferberg-Gelände für die sozial-kulturelle Nutzung in Beschlag. Während anderenorts Besetzungen en vogue waren, wählte die Initiative den steinigen Weg der formalen Verhandlungen mit der kommunalen Wohnungsbaugesellschaft, die das Gelände für die Eigentümer Bund und Land verwaltete. Um ihre Interessen gebündelt zu vertreten, gründete das Bündnis den »Pfefferwerk – Verein zur Förderung von Stadtkultur e.V.«. Dieser entwickelte zusammen mit der Stattbau Stadtentwicklungsgesellschaft mbH ein Bau- und Finanzierungskonzept für die Umnutzung und Sanierung des Geländes, die bis heute schrittweise umgesetzt wird.

Der Verein betrieb in der Anfangszeit vor allem Veranstaltungen im sozio-kulturellen Bereich. 1991 gründete er die »Pfefferwerk Stadtkultur gGmbH« aus, die bis heute gemeinwesenorientierte Kinder-, Jugend- und Stadtteilarbeit betreibt und Programme zur Beschäftigungsförderung umsetzt. Darüber hinaus bot der Verein rund 50 Organisationen und Initiativen, die sich um den Pfefferberg herum gruppierten, strukturelle Unterstützung und Beratung an.

Der Basischarakter der Aktivitäten auf dem Pfefferberg wurde mit Wachstum und Spezialisierung der Organisationen zunehmend schwerer handhabbar, da sich Vollversammlungen nicht mehr sinnvoll mit allen Einzelheiten der Arbeitsbereiche auseinandersetzen konnten. Daher begann ab 1993 eine Phase der strukturellen Differenzierung, in der der »Pfefferwerk Verbund« fast jedes Jahr um eine Organisation reicher wurde. In chronologischer Folge entstanden unter anderem der »Sportverein Pfefferwerk e.V.« (1994), die »Pfefferwerk Gesellschaft zur Entwicklung und Verwaltung von Gebäuden und Liegenschaften mbH« (1995), die »Stiftung Pfefferwerk« (1999), die Genossenschaft »Gemeinschaftsdienste Pfefferwerk e.G.« (2000), die »Pfefferwerk Aktiengesellschaft« (2001) und die »Freunde der sozialen Stadtkultur e.V.« (2002). Auch ein anderer Träger, der Verein »mob – obdachlose machen mobil e.V.«, schloss sich dem Verbund an.

Im Folgenden sollen vor allem die eben genannte GmbH, die Stiftung und die Aktiengesellschaft kurz erläutert werden, deren Gründung jeweils mit der Bindung von Kapital im Verbund in Zusammenhang stand.

Pfefferwerk Gesellschaft zur Entwicklung und Verwaltung von Gebäuden und Liegenschaften mbH: Anlass zur Gründung dieser GmbH gab 1995 der geplante Kauf einer für die Gemeinwesenarbeit genutzten Immobilie im Stadtteil, für den externe Investoren gewonnen werden sollten. Da diese ihr Kapital nicht in einen gemeinnützigen Träger einbringen wollten, wurde eine gewerbliche GmbH gegründet, deren Gesellschafter der »Pfefferwerk e.V.« und die »Pfefferwerk Stadtkultur gGmbH« wurden. Die so entstandene Gesellschaft erwarb im weiteren auch andere Gebäude für den Verbund, verwaltet bis heute seine Immobilien und setzt das Entwicklungskonzept für das Gelände mit um.

Stiftung Pfefferwerk: Der Verhandlungsprozess um Nutzung und Kauf des Pfefferberg-Geländes fand 1999 nach rund zehn Jahren seine Lösung in der Errichtung der »Stiftung Pfefferwerk«. Mit einer Mischung aus Eigen- und Fremdkapital kaufte die »Pfefferwerk Stadtkultur gGmbH« das Grundstück und überschrieb es der Stiftung als Stiftungsvermögen. Die Kapitalgeber organisierten sich daraufhin in der »Pfefferberg Entwicklungs GmbH & Co. KG«, die das Grundstück auf 99 Jahre von der Stiftung pachtet und es an die angesiedelten Organisationen und Gewerbetreibenden vermietet. Diese Konstruktion wurde dem Verbund aufgezwungen, da Eigentümer und Kapitalgeber seine Kompetenz zum Betrieb der Immobilie in Frage stellten. Die Stiftung wird von einem fünfköpfigen Stiftungsrat geleitet, in dem Land und Bezirk je einen Sitz stellen, während die verbleibenden Personen durch den eigens hierfür gegründeten Verein »Freunde der sozialen Stadtkultur e.V.« benannt werden. Im Zuge der Reorganisation wurde auch die »Pfefferwerk Stadtkultur gGmbH«, die mittlerweile auf über 300 Mitarbeiter angewachsen ist, der Stiftung übertragen.

Pfefferwerk Aktiengesellschaft: Gegen Ende der 90er Jahre begann mit dem Anschwellen der Gastronomieumsätze im Kulturbetrieb des »Pfefferwerk e.V.« der wirtschaftliche Anteil seiner Tätigkeiten übergewichtig zu werden. Nachdem das Finanzamt den drohenden Verlust der Gemeinnützigkeit des Vereins angemahnt hatte, wurde klar, dass der Kulturbetrieb ausgelagert werden musste. Da für die Entwicklung des Pfefferbergs weiterhin Fremdkapital notwendig war, entstand im Steuerungskreis des Verbunds die Idee, Kleinaktionäre über die Emission von 50-Euro-Aktien zu werben. Die Umsetzung der AG-Gründung erwies sich allerdings als zäh: So stellten sich vor allem die bürokratischen Vorarbeiten als aufwendiger heraus als gedacht. Da die Gesellschaft somit erst 2001 starten konnte – ein Jahr, in dem Aktiengeschäfte nicht mehr den besten Stand hatten –, ging das Finanzierungsmodell nicht auf (die AG hat heute lediglich 17 Aktionäre). Die Auslagerung führte jedoch zu einer Professionalisierung des Kultur- und Veranstaltungsbetriebs und zu einer Verbreiterung des Programmspektrums, das sich mit der marktbezogenen Orientierung nun auch kommerziell messen lassen muss.

Konstruktion

Der »Pfefferwerk Verbund« ist keine hierarchische Holding, sondern ein Netzwerk, dessen Teile durch Beteiligungen, Personenidentitäten der Mitglieder und Vorstände sowie Leistungsbeziehungen und Kooperationsprojekte miteinander verstrickt sind. Die Koordination des Verbundes basiert somit vor allem auf fortlaufenden Abstimmungsprozessen und Absprachen. »Wenn jemand etwas machen möchte, eine Idee hat oder sagt ‚Hier ist es ganz wichtig zu agieren‘, dann muss er die anderen davon überzeugen, dass das richtig oder wichtig ist, und wird nicht darauf treffen, dass alle ‚Hurra!‘ schreien und da mitmachen. Das ist manchmal ein langer Überzeugungsmarathon«, erklärt Torsten Wischnewski, Vorsitzender der »Stiftung Pfefferwerk«.

Zentrale Steuerungselemente sind dabei im Verbundkonzept minimiert. Neben 14tägigen Abstimmungsrunden zu einzelnen Themen (wie etwa der Entwicklung einer neuen Geschäftsstelle oder einem gemeinsamen Problem auf dem Gelände) treffen sich die rund 15 formellen und informellen Führungspersonen aus den Organisationen einmal im Jahr zu einer zweitägigen Klausurtagung, in der die langfristige Strategie des »Pfefferwerk Verbunds« entwickelt wird. Gemeinsame Strukturen gibt es derzeit nur im Öffentlichkeitsauftritt (Webseite, Broschüre und Jahresbericht), im Sekretariatsdienst und in der Personalverwaltung. Letzteres berührt allerdings mitunter bereits die Schmerzgrenze der Autonomie, da delikate Informationen (wie etwa Gehälter) nicht von jedem im Verbund preisgegeben werden wollen – ein Grund warum auch die Idee einer gemeinsamen Buchhaltung für die Pfefferwerk-Organisationen gescheitert ist.

Kritische Punkte

Die dezentrale Steuerung des »Pfefferwerk Verbundes« lässt sich gleichzeitig als Stärke und Schwäche sehen. Kritisch ist daran, dass die Verbindlichkeit von Entscheidungen in der losen Netzwerkform leicht intransparent wird und dass es keine Möglichkeit gibt, einzelne Organisationen an eine strategische Linie zu binden. Ferner besteht die Gefahr, dass Synergien zwischen den Mitgliedsorganisationen nicht genutzt werden und dass Redundanz von Knowhow und Infrastruktur entsteht. So haben sich etwa Einkaufspools bislang nicht durchgesetzt, da den meisten Organisationen die Wege der zentralen Koordination zu lang erscheinen. Während die lose Organisationsform in der Anfangszeit des Verbundes uneingeschränkt sinnvoll war, um Entwicklungen Raum zu geben, steht sie heute der Konsolidierung manchmal im Wege. Anderseits zeigt die Geschichte des Verbunds, dass auch eine zentrale Top-Down-Planung nicht das Wahre ist, wenn Personen an der Basis fehlen, die hinter den jeweiligen Entscheidungen stehen.

Interne Konflikte entstehen vor allem im Zusammenhang mit Gestaltungsansprüchen und mit der Ressourcenverteilung bei Kooperationsprojekten zwischen den Verbundmitgliedern. Dies ist in der Planungsphase, in der Aufgaben und Pflichten beschrieben werden, stärker der Fall als in der Umsetzung der Projekte. Der starke Konkurrenz-Druck, unter dem nicht nur die gewerblichen Organisationen stehen, bewirkt zudem oft einen »Protektionismus«, der verhindert, dass alle Karten offen auf dem Tisch liegen.

Erfolgsfaktoren

Trotz der genannten Spannungen und der unterschiedlichen Leitungsstile im Verbund haben die Organisationen auf dem Pfefferberg eine grundsätzlich ähnliche Kultur und ein gemeinsames Zielverständnis, das die Gräben im Tagesgeschäft immer wieder überbrückt. Den Vorteil der dezentralen Steuerungsform sieht Torsten Wischnewski darin, dass das Wissen um spezifische Vorgänge nah am Ort der Tätigkeit liegt und die einzelnen Organisationen Umweltveränderungen mit feinerer Sensorik aufnehmen und dadurch intelligent und schnell reagieren können. Zudem hat die freiwillige Abstimmung in der Regel eine hohe Motivationskraft: »Wenn man sich entschieden hat für eine Sache, wenn alle das zusammen entschieden haben – das ist ein sehr gutes Fundament«, resümiert Wischnewski.

Natürlich braucht die Netzwerkarbeit Zeit, Ressourcen und Menschen, die sich auf die oft langwierigen Abstimmungs- und Aushandlungsprozesse einlassen. Einer der kritischen Erfolgsfaktoren in der bemerkenswerten Entwicklung des »Pfefferwerk Verbunds« sind daher die Personen, die mit hohem persönlichem Engagement und über lange Zeit am Aufbau gearbeitet haben.

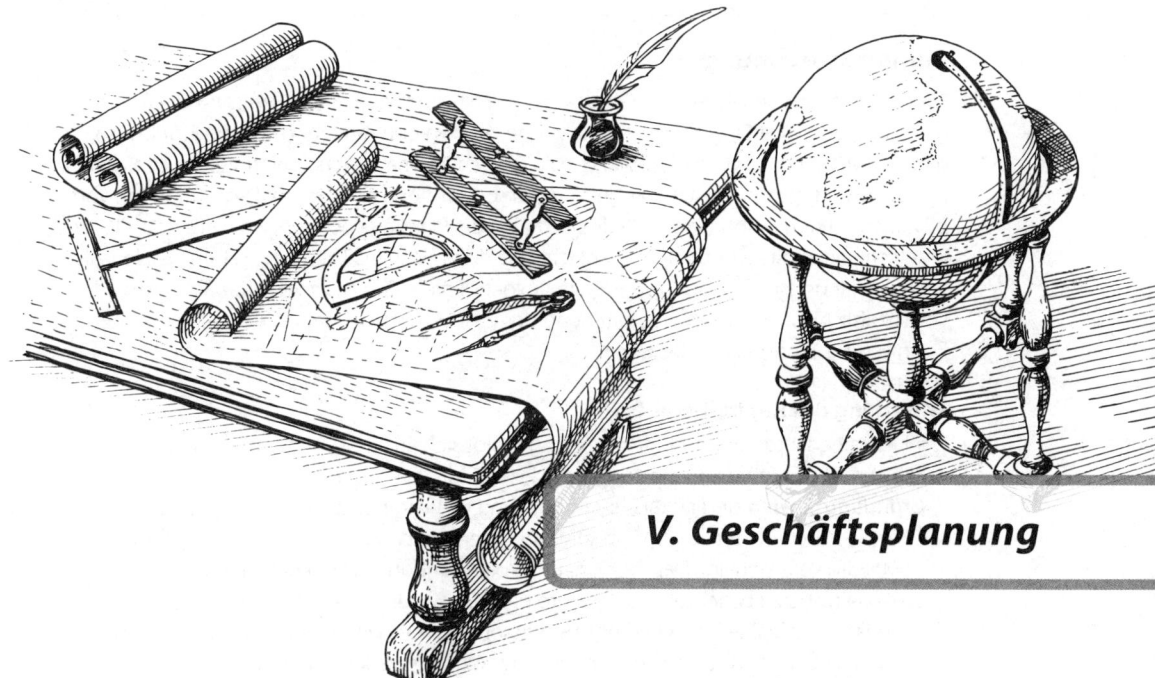

V. Geschäftsplanung

Der Jugendhilfeträger »Kult e.V.« hat nach einer eingehenden Ressourcen- und Marktanalyse beschlossen, Moderations-Stellwände zu produzieren, um langfristig eine eigenständige Grundfinanzierung für seine Jugendarbeit aufzubauen. Herstellung und Vermarktung der Wände sollen in eine GmbH ausgelagert werden. Für die Gründung des Betriebs benötigt der Verein ein Bankdarlehen, da weder die Gründungskosten noch die Produktionsmittel vollständig aus den Rücklagen finanziert werden können. Der Vorstand steht nun vor einigen Fragen:

- *Wie hoch ist der Bedarf an Startkapital und woher soll das Geld kommen?*
- *Ab wann und in welcher Höhe kann der Verein bei dem Projekt mit Einnahmen rechnen?*
- *Wie lässt sich das Vorhaben so darstellen, dass eine Bank die Finanzierung bewilligt?*

Der Geschäftsplan ist der »Dachbalken« im Prozess der Geschäftsgründung. Er entsteht auf dem Hintergrund der bisher im Analyse- und Planungsprozess gewonnenen Erkenntnisse und beschreibt den zu gründenden Betrieb im Kontext seines Marktes. Die finanziellen Eckdaten der Geschäftsgründung werden dabei zunächst in einer Reihe von Planungsrechnungen ermittelt.

Planungsrechnung

Planungsrechnungen liefern die Grundlage zur Erstellung des Finanzplanes für die Geschäftsgründung. Sie zeigen auf, wieviel Kapital eingesetzt werden muss und welche Ergebnisse damit erwirtschaftet werden können. Da zu diesem Thema bereits umfangreiche Literatur im Existenzgründungs- und Managementbereich besteht und sich Geschäftsgründungen von privater oder gemeinnütziger Seite in Bezug auf die Planungsrechnungen nicht grundlegend unterscheiden, soll hier nur eine oberflächliche Einführung ins Thema gegeben werden. Als zentrale Planungsrechnungen werden im Folgenden die Ermittlung des Kapitalbedarfs, der Wirtschaftlichkeit sowie der Liquidität und des Cash Flow beschrieben. Abschließend wird die Finanzierungsplanung erläutert.

Ermittlung des Kapitalbedarfs

Der Kapitalbedarf einer Geschäftsgründung ergibt sich aus den Gründungskosten, Investitionskosten, der Warenerstausstattung und der Liquiditätsreserve.

- *Gründungskosten* sind Notar-, Beratungs- und Verwaltungskosten die bei der Gründung einer Gesellschaft anfallen. Im Kleinunternehmerbereich werden sie in der Regel mit rund 3.000 Euro veranschlagt. Darüber hinaus ist bei Gründungen von Kapitalgesellschaften die Stammeinlage zu beachten (25.000 Euro bei GmbHs), die bei der Gründung mindestens zur Hälfte einzuzahlen ist, allerdings bei entsprechendem Nachweis auch als Sacheinlage eingebracht werden kann und somit mit Investitionen verknüpfbar ist.
- *Investitionskosten* sind Aufwendungen für Mittel, die dem Betrieb längerfristig zur Verfügung stehen (etwa Grundstücke, Gebäude, Einrichtungen, Ausstattungen, Maschinen).
- Die *Warenerstausstattung* bezeichnet den Einkaufswert der bei Gründung ins Lager genommenen Waren und Rohstoffe.
- Die *Liquiditätsreserve* bezeichnet Gelder, die direkt abrufbar sind um Zahlungsverpflichtungen zu erfüllen. Sie setzt sich aus den flüssigen Mitteln und der Kreditlinie bei der Bank zusammen. Im laufenden Betrieb sollte stets eine Liquiditätsreserve von drei Monaten vorhanden sein. Bei der Gründung eines Geschäftsbetriebs sollten allgemeine Betriebskosten für zumindest drei Monate sowie Personalkosten für sechs Monate als Reserve eingestellt werden.

Der Vorstand des »Kult e.V.« errechnet den Kapitalbedarf der GmbH-Gründung wie folgt:

Notar- und Beratungskosten	*€ 3.000,–*
Stammeinlage	*€ 25.000,–*
(davon Investitionen in Holz- und Metallverarbeitungs-	
maschinen in Höhe von € 15.000,–)	
Warenerstausstattung (Material)	*€ 10.000,–*
Liquiditätsreserve	
• allg. Betriebskosten	*€ 3.000,–*

• Personalkosten   *€ 24.000,–*

Summe: **€ 65.000,–**

Von dieser Summe kann der Verein € 15.000,– aus seinen freien Rücklagen einbringen. Das Bankdarlehen sollte also mindestens 50.000,– Euro betragen.

Wirtschaftlichkeitsrechnung

Die Bestimmung der Wirtschaftlichkeit beruht auf der Berechnung des erwarteten Betriebsergebnisses. Das Ergebnis (also der Gewinn oder Verlust des Geschäfts in einer bestimmten Periode) bestimmt sich aus der Aufrechnung der erwarteten Erträge (primär der Umsatzerlöse) und Aufwendungen (primär dem Wareneinsatz und den Betriebskosten) des Geschäftsbetriebs in dieser Periode.

Formel: Betriebsergebnis = Umsatzerlöse minus Wareneinsatz minus Betriebskosten

Der Wareneinsatz bezeichnet dabei den Betrag, der für den Einkauf abgesetzter Waren bzw. für verarbeitete Rohstoffe aufgewendet wird. Betriebskosten sind alle anderen laufenden Kosten. Zu ihnen zählen etwa Personalkosten, Miet- und Nebenkosten, Fahrzeugkosten, Reparaturen, Administration, Werbung, sowie Steuern, Zinsen und Abschreibungen.

Abschreibungen (auch »Absetzungen für Abnutzungen« oder kurz »AfA«) sind über mehrere Jahre aufgerechnete Investitionskosten. Sie werden steuerlich dadurch relevant, dass Ausgaben für Investitionen über 410 Euro nicht einfach dem Kaufjahr zugerechnet werden, sondern in der Buchhaltung über ihren Nutzungszeitraum hinweg »abgeschrieben« werden, wodurch sich die Gewinnermittlung entsprechend ändert. Die jährliche Abschreibungssumme, die Teil der Betriebskosten ist, berechnet sich dabei aus der durchschnittlichen Nutzungsdauer der Güter.

Die vom Finanzamt anerkannten Nutzungsdauern für die gebräuchlichsten Investitionsgüter sind in der AfA-Tabelle zusammengestellt:

www.bundesfinanzministerium.de/Anlage18240/AfA-Tabellen.zip

Die zentrale Kennzahl auf Ertragsseite ist der **Umsatz.** Die Prognose der Umsätze eines Geschäftsbetriebs für einen bestimmten Zeitraum ergibt sich aus der Multiplikation der voraussichtlichen Absatzmenge mit dem durchschnittlichen Produktpreis. Dabei sollte für jedes Produkt im Sortiment des Geschäftsbetriebs eine eigene Rechnung vorgenommen werden. Ist die Produktpalette so breit, dass die Einzelaufschlüsselung zu aufwendig wird, muss der geschätzte Umsatz für einzelne Produktgruppen zusammengefasst werden.

Da Umsätze in der Regel in der Startphase niedriger liegen, als in einem idealtypischen Geschäftsjahr, sollten sie in der Planungsrechnung zur Gründung getrennt berechnet werden, wobei jeweils der erwartete **Anlaufumsatz** und der wahrscheinliche **Maximalumsatz** nach erfolgreichem Markteinstieg als Ertragsgrundlage genommen werden.

Es ist sinnvoll, auch den notwendigen **Mindestumsatz** zur Kostendeckung (»break even«) zu bestimmen. Der Mindestumsatz leitet sich aus der Verkaufsmenge her, die notwendig ist, um die fixen Kosten des Betriebs zu decken. Die fixen Kosten (in der Regel die Betriebskosten) entsprechen dem zur Kostendeckung benötigten »Mindest-Rohertrag«. Die Mindestverkaufsmenge wird dabei durch das Verhältnis des Mindest-Rohertrags zum Einheiten-Rohertrag bestimmt. Der Einheiten-Rohertrag wird wiederum aus der Differenz von Erlös und Wareneinsatz pro Einheit gebildet.

Formel: Mindestverkaufsmenge = Mindest-Rohertrag (bzw. Betriebskosten) geteilt durch Einheiten-Rohertrag

Wird der Mindestumsatz unterschritten, kommt es zu einem negativen Betriebsergebnis. Dies ist in der Startphase von Geschäftsgründungen üblich. Verluste in der Anlaufphase müssen dabei durch die Liquiditätsreserve aufgefangen werden.

Der »Kult e.V.« bestimmt bei der Wirtschaftlichkeitsrechnung zunächst das voraussichtliche Betriebsergebnis in der Startphase und nach erfolgreichem Einstieg sowie die Mindestverkaufsmenge zum »Break Even« mit folgender Berechnung.

Monatliche Ergebnisse in der Startphase (erste 24 Monate)

Erwartete Verkaufszahl / Monat:	*15 Stellwände*
Verkaufspreis	*€ 200,–*
Monatl. Umsatzerlöse (Anlauf)	*€ 3.000,–*
- Betriebskosten (inkl. Personal):	*€ 5.000,–*
- Wareneinsatz (€ 25 / Stück)	*€ 375,–*
= Betriebsergebnis (monatl. Verlust)	*- € 2.375,–*

Monatliche Ergebnisse bei Etablierung (ab dem 3. Jahr)

Erwartete Verkaufszahl / Monat:	*45 Stellwände*
Verkaufspreis	*€ 200,–*
Monatl. Umsatzerlöse (regulär)	*€ 9.000,–*
- Betriebskosten (inkl. Personal)	*€ 5.000,–*
- Wareneinsatz (€ 25 / Stück)	*€ 1.125,–*
= Betriebsergebnis (monatl. Gewinn)	*€ 2.875,–*

Mindestverkaufsmenge

€ 5.000,– (Betriebskosten) geteilt durch € 175,– (Einheiten-Rohertrag) = 29

Eine betriebswirtschaftliche Grundweisheit besagt, dass das Wichtigste im Geschäft eine realistische Prognose ist, um das maximal tragbare Risiko einzuschätzen. Da die Umsatzentwicklung einer Geschäftsgründung von vielen Unsicherheitsfaktoren abhängt, ist es bei größeren Vorhaben sinnvoll, verschiedene Szenarien für die Entwicklung der ersten Geschäftsjahre durchzurechnen. Hierbei werden neben dem wahrscheinlichsten Szenario auch »best case«- und »worst case«-Szenarios ermittelt.

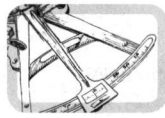

Szenario-Technik

Die Szenario Technik ist eine Planungsmethode, mit deren Hilfe Entwicklungen in einem bestimmten Problembereich prognostiziert und mögliche Entwicklungen des Problems analysiert werden können. Die Methode wird in den meisten Großunternehmen zur strategischen Planung eingesetzt, kann aber auch bei der Geschäftsgründung als Entscheidungshilfe dienen und ist nützlich, um Handlungsalternativen zu entwickeln und zu bewerten.

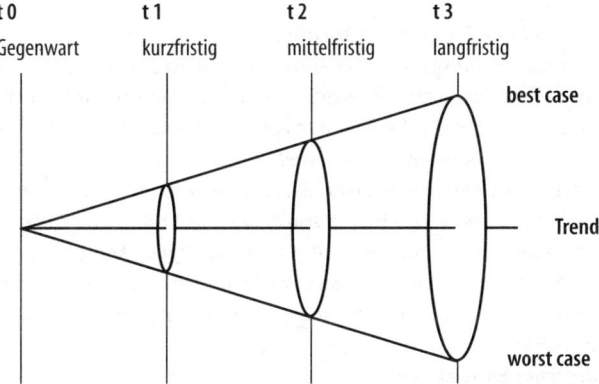

Eine Grundfigur der Technik ist der Szenario Trichter, der aus dem »best case Szenario« (dem bestmöglichen Zukunftsfall), dem »worst case Szenario« (dem schlechtmöglichsten Zukunftsfall) und dem »Trendszenario« (dem derzeit wahrscheinlichsten Zukunftsfall) gebildet wird. Der Trichter spannt sich von der Gegenwart über unterschiedliche Zeithorizonte die Zukunft auf. Die Horizonte können dabei als Controlling-Punkte zur Kurskorrektur unerwünschter Entwicklungen markiert werden.

Eine einfache Form der Technik, die sich für Probleme geringerer Komplexität eignet, vollzieht die Entwicklung der Szenarien und Strategien in vier Planungsschritten:

1. Problembeschreibung

Zunächst wird der Problembereich beschrieben, der zur Bearbeitung der aktuellen strategischen Fragestellung analysiert werden soll. Bei Geschäftsgründungen zielt die Fragestellung in der Regel auf die optimale Gründungsstrategie, wobei der relevante Problembereich der Markterfolg des zu gründenden Geschäftsbetriebes ist. In ähnlicher Weise könnte etwa auch die allgemeine finanzielle Situation des Trägers oder das Zusammenwirken von wirtschaftlicher und ideeller Tätigkeit analysiert werden.

2. Einflussanalyse

In einem zweiten Schritt werden die Einflussfaktoren (Deskriptoren) bestimmt, die auf das Problem unmittelbar einwirken. Aus einer Brainstorming Liste werden die wichtigsten Faktoren ausgewählt und in ihrem Wirkzusammenhang dargestellt. Je nach Komplexität des Problems können hier drei bis 30 Faktoren für die weitere Analyse gewählt werden. Für jeden Faktor werden schließlich die möglichen Entwicklungen bestimmt und quantifiziert (z.B. als Minimum-, Medium- und Maximum-Ausprägung).

3. Entwicklung des Szenario-Trichters

Aus der Kombination möglicher Ausprägungen der Einflussfaktoren werden nun ganzheitliche Zukunftsbilder erstellt. Hierfür wird zunächst das Trend-Szenario entwickelt, das auf der Kombination von Faktorenausprägungen beruht, die als realistisch angenommen werden, weil sie bestehende Trends fortzeichnen. Um das Trend-Szenario herum werden die Extrem-Szenarien entwickelt. Für das worst-case-Szenario werden die Faktoren in ihrer schlechtmöglichsten Ausprägung, für das best-case-Szenario in ihrer optimalen Ausprägung kombiniert. Darüber hinaus können auch noch weitere bedeutsame Szenarien innerhalb des Trichters analysiert werden. Die ausgewählten Szenarien werden nun ausgekleidet und auf ihre Konsistenz geprüft.

4. Strategie-Entwicklung

Ausgehend von der eingangs bestimmten Fragestellung werden nun aus den Szenarien Handlungsstrategien abgeleitet. »Stabile« Strategien sind solche, die für jedes Szenario vorteilhaft sind, »riskante« Strategien, sind solche, die auf ein bestimmtes Szenario zugeschnitten sind. Es empfiehlt sich, stabile Rahmenstrategien sofort umzusetzen und die Umsetzung riskanter Strategien so lange wie möglich hinauszuzögern, um mehr Informationen über die tatsächliche Entwicklung des Problembereichs zu erhalten. Allerdings ist unternehmerisches Handeln zu einem gewissen Grade immer an riskante Strategien gebunden.

Liquiditätsplanung

Die Liquidität bezeichnet die Fähigkeit eines Unternehmens, alle notwendigen Zahlungen zur vorgesehenen Frist zu leisten. Investitions- oder saisonbedingte Engpässe an »flüssigen« (liquiden) Mitteln, die diese Zahlungsfähigkeit beeinträchtigen, können durch die Liquiditätsplanung frühzeitig erkannt und ausgeglichen werden. Liquidität ist auch dort prekär, wo der Umsatzprozess an Rechnungsstellungen gebunden ist. Während im Direkt- oder Ladenverkauf Umsätze sofort als liquide Mittel vorliegen, kann die Begleichung von Kundenrechnungen in der Regel 14 Tage bis vier Wochen dauern. Bei schlechter Zahlungsmoral bieten sich dabei Mahnungen und Skonto-Regelungen an.

Mit der Liquiditätsrechnung lässt sich der **Cash Flow**, also der Nettozugang an liquiden Mitteln im Betrieb, bestimmen. Der Cash Flow ist mittlerweile zu einer wichtigen Kennziffer in der Beurteilung der Finanzkraft von Unternehmen geworden. Er kann direkt durch die Aufrechnung der auf eine Periode (z.B. ein Jahr) bezogenen realen Einzahlungen und Auszahlungen berechnet werden, oder indirekt über die Aufrechnung des Jahresgewinns mit den ausgabenneutralen Aufwendungen (also Abschreibungen, und Rückstellungen, die zum Gewinn addiert werden) und Erträgen (also Zuschreibungen und außerordentlichen Erträgen, die vom Gewinn abgezogen werden). Zur Bestimmung des »freien Cash Flow« werden darüber hinaus auch noch Investitionen, Steuern und Rücklagen vom Gewinn abgezogen (und Deinvestitionen sowie Rücklagenauflösungen addiert). Der freie Cash Flow bezeichnet damit die Summe, die ausgeschüttet werden kann, ohne den Bestand des Unternehmens zu gefährden. In den ersten Jahren ist der freie Cash Flow in der Regel gering, da Gewinne (sofern sie überhaupt anfallen) überwiegend in den Betrieb reinvestiert werden. Erst wenn ein Betrieb nicht mehr wächst, beginnt die Zeit, in der er »gemolken« werden kann.

Formel: Cash Flow = Jahresgewinn plus Abschreibungen und Rückstellungen minus Zuschreibungen und außerordentliche Erträge

Finanzierungsplan

Der Bedarf an **Fremdkapital** für die Geschäftsgründung ergibt sich aus dem Kapitalbedarf minus die selbst eingebrachten Mittel (Eigenkapital). Das Fremdkapital kann auf verschiedenen Wegen eingeworben werden. Einen Überblick hierzu gibt Kapitel sechs.

Als **Sicherheiten** zur Kredit- bzw. Darlehensabsicherung können unter anderem Grund und Boden, Immobilien, Sicherungsübereignungen und Bürgschaften eingebracht werden. Wichtig ist dabei, dass weder die Sicherheiten noch das Eigenkapital, soweit sie zur Gründung eines steuerpflichtigen Geschäftsbetriebs eingesetzt werden, aus steuerbegünstigten Einnahmen des Trägers stammen dürfen. Mögliche Sicherheiten sind dagegen Vermögensgegenstände aus Schenkungen und freie Rücklagen. Bei Grundstückserwerb wird oft auch der zusätzliche Eintrag des Kreditgebers ins Grundbuch als Sicherheit verlangt.

Bei der Aufnahme von Fremdkapital ist die Belastung durch Zins und Tilgung zu beachten. Dieser sogenannte »Kapitaldienst« ergibt sich aus den **Konditionen** der Kredit- und Darlehensvergabe, von denen die wichtigsten Aspekte die Darlehenshöhe, die Laufzeit des Darlehens, die Anzahl tilgungsfreier Jahre und der Zinssatz sind. Typische Darlehen in der Wirtschaftsförderung schwanken zwischen vier und sieben Prozent Zinssatz und haben in der Regel eine Laufzeit von mindestens zehn Jahren, von denen meist zwei Jahre tilgungsfrei sind. Bei höheren Summen werden oft nur Anteilsfinanzierungen gewährt, wobei der Darlehensnehmer einen bestimmten Prozentsatz selbst (oder aus anderer Quelle) beisteuern muss. Während reguläre Banken bei der Kreditvergabe nicht unbedingt schlechtere Konditionen haben, verlangen sie in der Regel größere Sicherheiten und sind nur selten im Kleinkredit-Geschäft tätig.

 *Darlehen oder Kredit: Bei einem Darlehen wird das Eigentum mit dem Geldbetrag auf den Darlehensnehmer übertragen, während es beim Kredit dem Nehmer lediglich zur Verfügung gestellt wird und im Eigentum des Kreditgebers (in der Regel der Bank) verbleibt. Ein Darlehen kann ohne Bezeichnung seines Verwendungszwecks erteilt werden, im Kreditvertrag ist dagegen der Verwendungszweck festzulegen und die Verwendung kann vom Kreditgeber geprüft werden. Ein Darlehen kann unentgeltlich (zinslos) oder entgeltlich gewährt werden, ein Kredit wird stets entgeltlich gewährt.*

Neben der Aufnahme von Darlehen und Krediten sollte auch den Möglichkeiten zur **Senkung des Kapitalbedarfs** nachgegangen werden. Während sich Gründungskosten früher durch den Erwerb eines gebrauchten »GmbH-Mantels« (auch Vorrats-GmbH) einsparen ließen, sind die Vorzüge dieses Schrittes mittlerweile gesetzlich beseitigt worden. Dafür werden durch EU-Recht zunehmend andere Europäische Gesellschaftsformen (etwa die englische »LTD«) in Deutschland anerkannt, womit sich für findige Geschäftsgründer neue Möglichkeiten zur Senkung der nötigen Stammeinlage bieten. Investitionskosten lassen sich durch die Verzögerung von Investitionen sowie durch den Kauf gebrauchter Güter reduzieren (womit oft bis zu 75% der Kosten eingespart werden können). Darüber hinaus ist auch das Mieten oder Leasing von Investitionsgütern zu erwägen. Schließlich kann durch Kooperation mit anderen Betrieben, Organisationen oder dem gemeinnützigen Träger selbst eine gemeinsame Nutzung von Betriebsmitteln und Ressourcen erfolgen, die den Bedarf an Investitionen senkt.

Bei der Warenerstausstattung lassen sich Einsparungen vor allem durch niedrige Warenbestände und gemeinsame Lagerhaltung mit anderen Betrieben realisieren. Einsparungen in der Liquiditätsreserve sind an die Frage geknüpft, wie weit sich die Betriebskosten in der Anlaufphase reduzieren lassen. Unter Umständen bietet es sich an, zunächst mit einem sehr kleinen Personalstamm und geringen Fixkosten zu arbeiten und den Betrieb erst nach und nach mit der Umsatzentwicklung auszuweiten. Möglich ist unter Umständen auch, dass Kunden bestellte Produkte im Voraus zahlen, und so die Einnahmen zur Deckung der Produktionskosten genutzt werden können.

Businessplan

Der Businessplan (auch als Geschäftsplan oder Unternehmenskonzept bezeichnet) beschreibt den Betrieb im Kontext seines Marktes und gibt Auskunft über die geplante Umsetzung der Gründung, vor allem hinsichtlich der personellen Besetzung, des Marketing und der Finanzierung. Ziel des Plans ist es, eine umfassende Einschätzung der Chancen und Risiken einer Geschäftsgründung zu ermöglichen.

Der Businessplan fungiert damit gleichzeitig als innerer Bezugspunkt für das strategische Management des Betriebs und als Instrument zur Außendarstellung des Geschäftskonzeptes gegenüber potentiellen Geldgebern und Partnern. Diese Mischung ist insofern problematisch, als die Versuchung, das Vorhaben nach außen schönzufärben, um Unterstützung zu sichern, dazu führen kann, dass auch intern mit geschönten Daten und überoptimistischen Prognosen gearbeitet wird. Dieses aus Projektförderungen im gemeinnützigen Bereich bekannte Problem ist in Anbetracht der mit einer Geschäftsgründung verbundenen Risiken noch erhöht. So ist ein aufgrund unrealistischer Prognosen nicht rückzahlbarer Kredit unter Umständen schlimmer als ein aufgrund realistischer Prognosen verweigerter. Es ist daher äußerst wichtig, den Businessplan auf ein solides Daten-Fundament zu stellen.

Bei der Erstellung des Businessplans lassen sich die Ergebnisse der vorausgegangenen Planungsschritte, von der Ressourcen- bis zur Marktanalyse, nutzen. In der Regel bietet es sich an, dass die für das Gründungsprojekt zuständigen Personen auch die Erstellung des Businessplans koordinieren. Sie können dabei Hilfe aus der Organisation und externe fachliche Beratung in Anspruch nehmen. Wichtig ist allerdings, dass der Prozess überwiegend intern verläuft und die Erstellung des Businessplans nicht komplett an Berater ausgelagert wird. Dies garantiert nicht nur bessere und akkuratere Planungsergebnisse, sondern auch eine größere Verbundenheit mit dem Geschäftsbetrieb innerhalb der Organisation.

Der Erstellungsprozess kann – je nach Vorarbeit und Intensität der Planung – zwischen einem und sechs Monaten dauern (zumindest 30–60 Arbeitsstunden). Dieser zeitliche Aufwand ist oft abschreckend, sodass viele Träger ihre Geschäftsbetriebe ohne vorherige Businessplanung starten. Dies ist möglich, wenn es sich um einfache, intuitiv planbare Aktivitäten handelt, für die der Träger kein externes Kapital benötigt. In der Regel ist die zeitliche Investition in den Planungsprozess jedoch ein sinnvoller Schritt, um Klarheit über den Umsetzungsrahmen zu erreichen und um interne und externe Unterstützung für das Vorhaben zu mobilisieren. Untersuchungen zeigen, dass die Erfolgsquote bei Projekten, für die im Vorfeld ein Businessplan erstellt wurde, merklich höher liegt, als bei »intuitiv« gestarteten Geschäftsbetrieben.

Businesspläne im gemeinnützigen Kontext unterscheiden sich von Geschäftskonzepten privater Gründungen im Wesentlichen nur in einem Punkt: Während die Zielbestimmung von privatwirtschaftlichen Unternehmen sich normalerweise in der Profitmaximierung erschöpft, gesellt sich bei gemeinnützig verwurzelten Geschäftsbetrieben meist noch ein ideelles Ziel zum finanziellen. Die ideellen Zielanteile (seien sie sozial, kulturell oder politisch definiert) müssen im Geschäftsplan beschrieben und mit dem Betrieb in Verbindung gesetzt werden. Sie sind in der Regel aus dem Zweck des gemeinnützigen Trägers hergeleitet, dessen Investitionsmotiv im weitesten Sinne die Erreichung seiner Ziele (im Sinne der Verwirklichung von Satzungszwecken) ist. Mitunter werden die ideellen Ziele (insbesondere bei Zweckbetrieben) auch quantifiziert und in Indikatoren wie dem »Social Return on Investment« (SROI) bewertet.

Gliederung

Ein guter Businessplan ist übersichtlich, klar, und sachlich geschrieben. In der Regel sind im kleinunternehmerischen Bereich 30–60 Seiten Umfang Standard. Eine verbindlich vorge- schriebene Gliederung für Geschäftspläne gibt es nicht, die im folgenden aufgeführten Ab- schnitte geben daher nur eine mögliche Form vor.

Übersicht

In der Übersicht wird der Businessplan auf ein bis zwei Seiten zusammengefasst. Hierbei ste- hen im Vordergrund:
- die Kurzdarstellung der *Trägerorganisation* (Hintergrund, Tätigkeit, Rechtsform)
- die Darstellung des zu gründenden *Geschäftsbetriebs* (Ziele, Angebote, Personen)
- die *Marktanalyse* (Zielgruppen, Konkurrenten, Absatzstrategie) und
- die *Finanzplanung* (Wirtschaftlichkeitsrechnung und Kapitalbedarf).

Die Übersicht sollte prägnant sein, da in vielen Fällen nicht über sie hinaus gelesen wird. Es leuchtet ein, dass dieser Text am besten zum Schluß geschrieben wird.

Der Träger

In diesem Abschnitt wird der gemeinnützige Träger beschrieben, in dessen Rahmen der Ge- schäftsbetrieb entstehen soll.
- *Inhaltliches Profil:* In knappen Zügen werden hier die satzungsmäßigen Ziele, Programm- aktivitäten und das ideelle Selbstverständnis des Trägers erläutert.
- *Struktur:* Hier soll ein grober Überblick über Rechtsform, Organisationsaufbau und Ver- bandszugehörigkeiten des Trägers gegeben werden.
- *Verhältnis zum Geschäftsbetrieb:* Schließlich muss erläutert werden, in welchem Verhält- nis der Träger zu dem zu gründenden Geschäftsbetrieb steht.

Der Geschäftsbetrieb

Dieser Abschnitt sollte ein klares Profil des geplanten Geschäftsbetriebs nachzeichnen, ohne sich zu sehr mit den Details der Umsetzung zu befassen.
- *Ziele:* Hier werden zunächst die mittel- und langfristigen Ziele der Geschäftsgründung expliziert. Ein langfristiges Ziel kann darin bestehen, dem gemeinnützigen Träger eine jähr- liche Gewinnausschüttung in bestimmter Höhe zu garantieren. Daneben lassen sich im mittelfristigen Bereich oft auch ideelle Ziele benennen (etwa die Schaffung von Arbeits- und Ausbildungsplätzen für Klienten des Trägers oder die Bereitstellung günstiger Dienst- leistungsangebote für eine bestimmte Zielgruppe).

- **Angebote:** An dieser Stelle erfolgt eine detaillierte Beschreibung der Produkte bzw. Dienstleistungen des Geschäftsbetriebs. Aus der Beschreibung sollte auch deutlich werden, wie sich die Angebote von anderen am Markt befindlichen Produkten abheben.
- **Geschäftsmodell:** Das Geschäftsmodell beschreibt, wie durch die genannten Angebote die definierten Zielen verwirklicht werden. In Bezug auf die finanziellen Ziele wird erläutert, wie die Produkte und Dienstleistungen erstellt und abgesetzt werden. In Bezug auf die ideelle Zielerreichung ist zu erklären, wie entsprechende Maßnahmen im Geschäftsprozess integriert und umgesetzt werden (ggf. auch, wie Zielkonflikte aufgefangen werden).

Der Markt

Die Beschreibung des Marktes in diesem Abschnitt stützt sich auf die Ergebnisse der Marktforschung. Sie benennt das Marktpotential, das sich aus dem bestehenden Gefüge von Abnehmern und Anbietern ergibt, und liefert eine Analyse beider Gruppen in Bezug auf das geplante Angebot des Geschäftsbetriebs.

- **Zielgruppen:** Die potentiellen Kunden des Betriebs werden zunächst in möglichst homogene Zielgruppen eingeteilt. Ein Hotel könnte seine potentiellen Kunden zum Beispiel in Gruppenreisende, Geschäftskunden und individuelle Touristen teilen. Ein Bildungsträger kann unterscheiden zwischen Jugendlichen, Berufstätigen und Senioren. In der Regel ist es sinnvoll, drei bis fünf Zielgruppen zu unterscheiden. Für jede der identifizierten Zielgruppen wird ein Profil mit qualitativer und quantitativer Beschreibung erstellt und der jeweilige Nutzen des Angebots für die Zielgruppe erörtert.
- **Konkurrenten:** Konkurrenten sind alle direkten und indirekten Wettbewerber auf dem vom Geschäftsbetrieb angepeilten Markt. Bei der Sammlung von direkten Wettbewerbern ist auf einen sinnvollen Umfang der Liste zu achten (ein Cafébetrieb sollte nicht unbedingt alle in der Stadt befindlichen Cafés auflisten, sondern sich auf den Standort-Stadtteil konzentrieren). In einem zweiten Schritt werden die Konkurrenten anhand ausgewählter marktrelevanter Kriterien verglichen (eine Wettbewerber-Matrix mit vier bis fünf Kriterien kann dabei eine übersichtliche Form liefern). Schließlich sollten auch die indirekten Wettbewerber kurz erörtert werden.
- **Marktentwicklung:** Neben dem beschriebenen Ist-Zustand ist es auch sinnvoll, die Entwicklung des Marktes zu analysieren. Wichtig sind dabei Trends in Produktion, Technik und Vertrieb sowie quantitative und qualitative Veränderungen von Angebot und Nachfrage. Sinnvoll ist eine Beschreibung von Entwicklungen der letzten fünf bis zehn Jahre und eine Prognose von Trends für die nächsten drei bis fünf Jahre.

Das Marketing

Der Marketing-Plan basiert auf der Ressourcen- und Markt-Analyse. Er definiert, wie der Geschäftsbetrieb seine Produkte am Markt ansiedeln, anpreisen und vertreiben will.

- Die **Positionierung** beschreibt, wie das Angebot am Markt platziert und gegenüber konkurrierenden Produkten abgegrenzt wird. Für jede Zielgruppe wird dabei auf Grundlage des identifizierten Nutzens ein Wert-Angebot beschrieben. Die Einbindung des ideellen Rahmens sollte dabei speziell beschrieben werden.

- Die **Kommunikationsstrategie** bestimmt, welche Botschaften auf welchem Weg an die einzelnen Zielgruppen kommuniziert werden. Die konkreten Marketing-Aktivitäten (z.B. Anzeigen- und Werbekampagnen, besondere Veranstaltungen, Marketing Partnerschaften etc.) sollten dabei detailliert beschrieben und in einen Zeitplan (mindestens für das erste Jahr) gefasst werden.
- Die **Preisstrategie** legt fest, was die Angebote kosten sollen. Unter Umständen ist es dabei sinnvoll, unterschiedliche Preisniveaus für verschiedene Zielgruppen und Kauf-Situationen festzulegen.
- Die **Vertriebsstrategie** definiert, über welche Kanäle die Produkte und Dienstleistungen des Geschäftsbetriebs abgesetzt werden sollen.

Die betrieblichen Abläufe

Dieser Abschnitt informiert über Rahmen und Umsetzung der Leistungserstellung. Zur Beschreibung gehört eine

- Beschreibung des **Standortes**, an dem der Geschäftsbetrieb angesiedelt ist. Der Standort hat insbesondere bei Laufkundschaft (also vor allem in Gastronomie und Einzelhandel) eine zentrale Bedeutung.
- Auflistung der vorhandenen Räumlichkeiten und **Betriebsmittel**, die für die Leistungserstellung genutzt werden.
- Darstellung des **Produktionsprozesses**, also der Erstellung der Leistungen.
- Liste der Zulieferer und Partner, mit denen der Geschäftsbetrieb bei der Leistungserstellung oder dem Absatz seiner Produkte kooperiert.

Das Management

Dieser Abschnitt soll ein umfassendes Bild über die zentralen Führungspersonen, das Team und das Personalsystem des Betriebs geben.

- Bei der Darstellung der verantwortlichen **Leitungspersonen** des geplanten Geschäftsbetriebs sollten die unternehmerischen und fachlichen Qualitäten der Führung hervorgehoben werden. Lebensläufe der zentralen Akteure können im Anhang zum Businessplan beigefügt werden.
- In Bezug auf das **Team** sollte die für die jeweilige Tätigkeit bedeutsame Kompetenz und Erfahrung der Teammitglieder dargestellt werden. Darüber hinaus ist das Profil der Neueinstellungen zu bestimmen, die für den Geschäftsbetrieb notwendig sind.
- Unter Umständen ist es sinnvoll, das **Personalsystem** des Betriebs (Gremien- und Weisungsstruktur, Personalentwicklung) zu umreißen, in das die Personen eingebunden sind.

Die Unternehmensstrategie

Ein zentraler Punkt bei der Geschäftsplanung ist die Definition der Unternehmensstrategie, die sich auf die mittel- und langfristige Entwicklung des Geschäftsbetriebs bezieht.

- Ausgangspunkt ist hier die Bestimmung der ressourcenbedingten **Wettbewerbsvorteile** und die Beschreibung von Strategien zur Nutzung dieser Vorteile am Markt.
- In der **Risikoplanung** sind Faktoren zu identifizieren, die den Erfolg des Geschäftsbetriebs behindern können. Hier sollte nach internen Faktoren (etwa Management- oder Technikversagen) und Umweltfaktoren (etwa Entwicklungen des Marktes oder gesellschaftlicher Rahmenbedingungen) unterschieden werden. Für jeden Risikofaktor wird eine Strategie zur Vermeidung (soweit Einfluss darauf besteht) bzw. zur Auswirkungsminderung definiert.
- Ferner sind die **langfristigen Ziele** für den Geschäftsbetrieb zu bestimmen, die beeinflussen, wie Wachstum und Entwicklung des Betriebs strategisch gesteuert werden.

Die Finanzierung

Die Erstellung eines sachgerechten und realistischen Finanzierungsplanes erfordert ein wenig betriebswirtschaftliches Grundwissen, ist aber im Prinzip keine Geheimkunst. Die drei zentralen Planungsgrößen sind hier der Kapitalbedarf, die Wirtschaftlichkeit und die Liquidität.

- Der **Kapitalbedarf** ist die Summe, die insgesamt für den Gründungszeitraum des Geschäftsbetriebs notwendig ist. Er errechnet sich als Summe aus Gründungskosten, Investitionskosten, der Warenerstausstattung und der Liquiditätsreserve.
- Für die Bestimmung der **Wirtschaftlichkeit** wird eine Gewinn- und Verlustrechnung vorgenommen, bei der die Erträge und Aufwendungen des Betriebs in festgelegten Zeiträumen prognostiziert werden. In der Regel erfolgt dies für das erste Jahr monatlich und für die folgenden zwei Jahre quartalsmäßig. Aus dem Ergebnis lässt sich erkennen, ob und ab wann sich das geplante Geschäft rentiert.
- Die **Liquiditätsplanung** basiert auf einer Prognose der realen Zahlungsvorgänge im Betrieb und gibt somit Aufschluss über die verfügbaren (liquiden) Mittel des Betriebs in bestimmten Perioden. Auch die Aufstellung der tatsächlichen Einzahlungen und Auszahlungen sollte für das erste Jahr monatlich und für das zweite und dritte Jahr quartalsmäßig vorgenommen werden. Für Perioden, in denen sich Liquiditäts-Engpässe ergeben (also kumulativ mehr Auszahlungen als Einzahlungen anstehen), müssen Strategien zum Ausgleich der Unterdeckung geplant werden (etwa die Aufnahme von Krediten oder Darlehen).
- Im **Finanzierungsplan** muss schließlich dargelegt werden, wie der Kapitalbedarf der Geschäftsgründung gedeckt werden soll. Hierfür ist aufzulisten, welches Eigenkapital der Träger einbringt und in welcher Form Fremdkapital beansprucht werden soll. Ferner sollten mögliche Sicherheiten des Trägers zur Kredit- bzw. Darlehensabsicherung aufgelistet werden.

Anhang

Der Businessplan wird durch Unterlagen komplettiert, die den Inhalt sinnvoll ergänzen. Dies könnten zum Beispiel sein:

• Unterlagen zum gemeinnützigen Träger: Broschüre, Jahresbericht, ggf. Finanzbericht (sofern Träger Gesellschafter oder Kreditnehmer ist)
• Gutachten, die den Geschäftsplan unterstützen
• Gesellschaftsvertrag (bzw. Entwurf) mit Gesellschafterliste
• Technische Unterlagen (Prospekte, Datenblätter)
• Kopien sonstiger Verträge oder Entwürfe (z.B. Vertriebs- oder Kooperationsverträge)
• Lebensläufe der Führungspersonen

Zusammenfassung

Die finanziellen Eckdaten einer Geschäftsgründung werden in Planungsrechnungen bestimmt.

• Der **Kapitalbedarf** für die Gründung setzt sich aus Gründungskosten, Investitionskosten, der Warenerstausstattung und der Liquiditätsreserve für drei bis sechs Monate zusammen.
• Das **Betriebsergebnis** einer Periode errechnet sich, indem Betriebskosten und Wareneinsatz von den prognostizierten Umsatzerlösen der Periode abgezogen werden. Dabei sind getrennte Berechnungen für Anlauf- und Maximalumsatz sowie für den Mindestumsatz zur Kostendeckung sinnvoll. Bei ungewissen Umsatzentwicklungen können mit Hilfe der Szenario-Technik unterschiedliche Zukunftsbilder entworfen werden.
• Der **Finanzierungsplan** beschreibt, wie der Kapitalbedarf durch Eigen- und Fremdkapital gedeckt werden kann. Zur Aufnahme von Darlehen und Krediten werden in der Regel Sicherheiten benötigt. Kommt eine Fremdkapitalaufnahme nicht in Frage, kann der Kapitalbedarf vor allem durch Verzögerung, Gebrauchtkauf oder Miete von Investitionsgütern sowie durch Einsparungen im Betriebskostenbereich gesenkt werden.

Der Businessplan dient gleichzeitig als Instrument zur strategischen Planung und zur Außendarstellung des Geschäftskonzeptes gegenüber Geldgebern und Partnern. Der Plan sollte auf 30 bis 60 Seiten den zu gründenden Geschäftsbetrieb im Kontext seines Marktes detailliert darstellen.

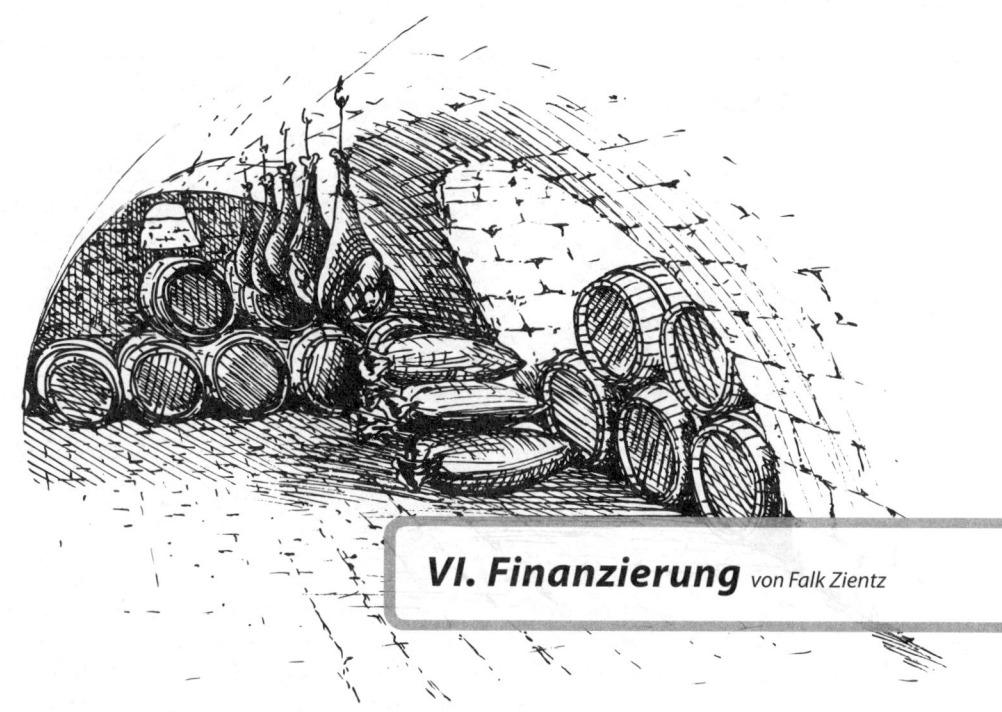

VI. Finanzierung *von Falk Zientz*

Banken

Kredit ist Vertrauenssache. In der Regel sind mehrere Bankkontakte notwendig, um »die richtige Bank«, nicht zuletzt »den richtigen Bankmitarbeiter« zu finden. Um sein Gegenüber richtig einzuschätzen muss man wissen, dass für Banken Finanzierungen unter 100.000 Euro nicht lukrativ sind, höchstens mittelfristig, wenn durch »cross selling« beispielsweise Provisionserträge für Versicherungen erzielt werden können. Dies sollte aber nicht grundsätzlich von kleineren Finanzierungsanfragen abhalten. Die Bank für Sozialwirtschaft, die GLS Gemeinschaftsbank, die Evangelische Darlehensgenossenschaft und viele Volksbanken und Sparkassen sehen sich entsprechend ihren geschäftspolitischen Zielen verpflichtet, neue Initiativen zu fördern. Auch kann es sich lohnen, Banken offensiv auf zinsgünstige Angebote der Kreditanstalt für Wiederaufbau (KfW) und anderer Förderbanken anzusprechen, die der Bank allerdings in der Regel aber noch geringere Erträge bringen. Nicht unversucht lassen sollte man Anfragen bei Großbanken, wobei dort noch mehr gilt: am Besten gelingt der Einstieg über langjährig gewachsene persönliche Verbindungen, aus denen heraus die Bank bzw. der konkrete Bankmitarbeiter ein Interesse an der Unterstützung eines gemeinnützigen Vorhabens hat.

Stiftungen

Der Zugang zu Stiftungen ist in der Arbeitshilfe Nr. 15 der Stiftung Mitarbeit »Wie Stiftungen fördern« kompakt beschrieben. Daraus wird deutlich, dass auch dieser Bereich zunächst sehr viel mit dem Aufbau von Beziehungen zu tun hat. Unter www.stiftungsindex.de oder über eine CD-Rom des Bundesverbandes Deutscher Stiftungen kann man sich einen ersten Überblick zu den in Frage kommenden Stiftungen verschaffen. Es empfiehlt sich sehr, die Kontakte und Kenntnisse von Beratungsstellen, Projektentwicklern und Verbänden (siehe unten) in der Auswahl und Ansprache von Stiftungen zu nutzen. Dann ist es auch möglich, einer Stiftung für sie maßgeschneiderte Finanzierungsbausteine anzubieten, beispielsweise einen besonders innovativen Projektteil, der ganz speziell der aktuellen Strategie der Stiftung entspricht. Die Aufgabe ist also, möglichst dicht an die Stiftung heranzukommen, bevor man den Antrag stellt. Dies gilt auch für große Stiftungen wie Aktion Mensch, die Software AG oder die Robert Bosch Stiftung.

Öffentliche Förderungen

Voraussetzung ist, dass die Initiative Leistungen erbringt, die im öffentlichen Interesse liegt (Subsidiaritätsprinzip). Eine institutionelle Förderung erhalten nur Träger, die dauerhaft öffentliche Aufgaben wahrnehmen, zu denen der öffentliche Finanzier gesetzlich verpflichtet ist. Projektförderungen sind dagegen zeitlich und inhaltlich abgegrenzten Maßnahmen – also nicht Finanzierungen eines Vereins, sondern von konkreten Aufgaben.

Projektförderungen

Diese erfordern im ganz besonderen Maße eine Einbindung des Vorhabens in einen öffentlichen Zusammenhang. Sehr deutlich ist dies bei Programmen der Europäischen Union, mit denen weitgehend Netzwerke gefördert werden, in denen beispielsweise gemeinnützige Träger, Unternehmen und Behörden zusammenarbeiten, wie in EQUAL oder LEADER. Voraussetzung ist also der Aufbau von Partnerschaften, in denen von unterschiedlichen Akteuren ein gemeinsames Thema bearbeitet wird mit dem Zweck, dass bis zum Ablauf der Projektförderung ein stabiler Zusammenhang entstanden ist, der sich eigene Finanzierungsquellen erschließt. Sehr förderlich bei der Ansprache von öffentlichen Stellen ist, wenn man eine Stiftung oder einen privaten Geldgeber mit ins Gespräch bringen kann, die im Sinne von Public-Private-Partnership bereit sind, öffentliche Aufgaben mit zu finanzieren. Insgesamt kommt es darauf an, sich so innerhalb der vorhandenen Projektszene zu positionieren, dass man als eine sinnvolle Ergänzung wahrgenommen werden kann.

Arbeitsmarktspolitische Förderungen

Förderprogramme für Existenzgründungen sind immer auf natürliche Personen bezogen, wobei es ein paar wenige Ausnahmen für Genossenschaften gibt. Allerdings können beim Arbeitsamt diverse Lohnkostenzuschüsse beantragt werden. Recht gängig und auch für Teilzeitkräfte geeignet sind die Strukturanpassungsmaßnahmen SAM und bei Neugründungen Einstellungszuschüsse. Außerdem gibt es zielgruppenspezifische Förderungen für die Einstellung beispielsweise von jungen Arbeitslosen oder von Behinderten (www.arbeitsamt.de, Förderungen für Arbeitgeber).

Eigenkapital

Bei klassischen Unternehmensgründungen ist immer die Frage, ob der Gründer / die Gründerin ein angemessenes Eigenkapital vorweisen kann. Im gemeinnützigen Bereich sollte dieses »Eigenkapital« zumindest aus einem Fördernetzwerk, aus persönlichen Verbindungen zu potenziellen Partnern und Geldgebern sowie aus Andockmöglichkeiten an vorhandene Projektstrukturen bestehen. Daraus kann dann auch, falls erforderlich, Eigenkapital im monetären Sinne generiert werden.

Finanzierungen aus dem Umfeld

Insbesondere die GLS Gemeinschaftsbank eG bietet Instrumente zur Einbindung eines fördernden Umfeldes in die Finanzierung an:

- Bürgengemeinschaften: Ein Kredit wird durch eine Vielzahl von kleinen persönlichen Bürgschaften abgesichert. Typisch hierfür wäre ein Kredit über 90.000 Euro mit fünfjähriger Laufzeit, der von 30 Menschen mit jeweils 3.000 Euro verbürgt wird. Dadurch könnte eine Sicherheitslücke abgedeckt werden und das Projekt kann mit der Gewissheit eines tragfähigen Umfeldes starten.
- Leih- und Schenkgemeinschaften: Die Bank finanziert Kleinspenden vor. Verpflichten sich beispielsweise 30 Menschen vier Jahre lang 50 Euro monatlich zu spenden erhält der Verein von der Bank 72.000 Euro, die er als Eigenkapital ausweisen kann.
- Privatdarlehen: Zur Förderung von Initiativen können zinsgünstige und/oder nicht abgesicherte Darlehen von Privatpersonen eingeworben werden. Dies kann allerdings problematisch sein: Bei mehr als fünf Darlehen besteht die Gefahr, dass der Kreditnehmer »unerlaubtes Bankgeschäft« betreibt. Und sollte ein Darlehen aus privaten Gründen zurückgefordert werden steht eventuell die Gesamtfinanzierung in Frage. Manche Banken sind bereit, Privatdarlehen zu verwalten.
- Liquiditätsgemeinschaften: Einer Gruppe von Vereinen wird von der Bank der technische Rahmen für deren gegenseitige Liquiditätshilfen zur Verfügung gestellt. Durch die Bildung eines Sicherheitspools (jeder Träger bringt beispielsweise eine Garantie ein) kann die Bank dafür auch eine Kreditlinie zur Verfügung stellen. In Einzelfällen wurden auch schon solidarische Risikofonds von gemeinnützigen Trägern entwickelt.

Sonstige Instrumente

- Zur Abdeckung von Sicherheitslücken können Bürgschaftsbanken angesprochen werden, wobei für gemeinnützige Träger insbesondere die Bürgschaftsbank für Sozialwirtschaft relevant ist. In ganz seltenen Fällen geben Gebietskörperschaften (Kommunen, Behörden) so genannte Kommunalbürgschaften.

- Matching: Für Zuschussgeber kann es attraktiv sein zu sehen, dass ihre eingesetzten Mittel vervielfacht werden. Stiftungen könnte beispielsweise angeboten werden: Für jeden Euro, den ihr uns gebt, werben wir einen Euro von Privatpersonen / aus der regionalen Wirtschaft ein. Wenn eine Stiftung diese Idee unterstützt, kann mit der gleichen Argumentation (deine Spende wird verdoppelt) im Umfeld des Trägers geworben werden.
- Zinszuschüsse: Manche Stiftungen, wie beispielsweise Aktion Mensch, unterstützen regelmäßig Projekte durch Zinszuschüsse. Die Gemeinnützige Treuhandstelle e.V. fördert in dieser Weise und auch durch die Stellung von Sicherheiten immer wieder ihre Mitgliedseinrichtungen, wenn diese GLS-Kredite aufnehmen.

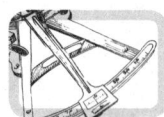

Checkliste – Ansprache von Geldgebern

Die folgenden Informationen und Unterlagen sollte eine Initiative vor der Ansprache von Geldgebern zumindest in Arbeit haben. Ganz wesentlich sind Glaubwürdigkeit und Transparenz der Darstellung. Äußerlich perfekte Unterlagen, die von externen »Antragsprofis« erstellt wurden, bergen die Gefahr, das Authentische der Initiative zu verdecken. Auch sollte deutlich werden, dass die Initiative über eigene Fähigkeiten in Planung, Präsentation und Finanzierung verfügt.

- *Kurze, prägnante Darstellung der Idee und der Ziele (eine Seite)*
- *Rechtsform (auch: Ist die Gemeinnützigkeit sinnvoll / möglich? Beteiligungsverhältnisse und Mitgliedschaften?)*
- *Wer sind die verantwortlichen Personen? Welche spezifischen Fähigkeiten und Erfahrungshintergründe bringen diese ein (berufliche Qualifikationen aber auch Projekterfahrung)? Welche Bereiche sind noch nicht zufrieden stellend abgedeckt?*
- *Welche Freunde und Förderer unterstützen die Initiative? In welcher Weise geschah dies bislang? Was wird zur Realisierung des Vorhabens zusätzlich erforderlich sein?*
- *Werden Berater/innen engagiert? Wofür?*
- *Mit welchen Verbänden wird kooperiert? Mit welchen anderen Einrichtungen?*
- *Wie sieht die Organisation aus? Zuständigkeiten? Wie werden Rechnungswesen und Controlling des Vorhabens gewährleistet? Wie wird der Erfolg gemessen (Benchmarks, Indikatoren)?*
- *Investitionen: detaillierte Darstellung des Finanzierungsbedarfs und der bislang in Aussicht gestellten / der bereits zugesagten Mittel (inklusive Eigenkapital, Spenden, ehrenamtliche Eigenleistungen), Nachweise soweit vorhanden.*
- *Über welchen speziellen Finanzierungsbaustein soll mit dem Geldgeber gesprochen werden? Inwieweit passt dies zu dessen »Kerngeschäft«? Hat er Interesse an*

Gegenleistungen (öffentliche Darstellung, Kundenakquise)? Ist eine Art »Matching« (s.o.) sinnvoll und realisierbar?

- *Welche der Finanzierungsmittel sind vorzufinanzieren? Wie können die hierfür erforderlichen Zinsen aufgebracht werden?*
- *Laufender Haushalt: Planrechnung, aus der auch deutlich wird, wann und unter welchen Bedingungen eine Eigenwirtschaftlichkeit erreicht wird und welcher Betriebsmittelbedarf besteht.*
- *Die geplanten Umsätze sind durch möglichst detaillierte und konkrete Angaben zur Marktsituation / zum Umfeld zu begründen.*
- *Welche ähnlichen Projekte gibt es bereits? Was kann von diesen gelernt werden? Gibt es Lösungsansätze für Probleme, die dort aufgetaucht sind?*
- *Vor Kreditgesprächen: Welche Kreditsicherheiten können Sie anbieten? Ist es möglich, Bürgengemeinschaften oder Bürgschaftsbanken (s.o.) einzubinden?*
- *Welche Programme öffentlicher Förderbanken passen zu dem Vorhaben (beispielsweise KfW-Infrastrukturprogramm, u.a.)?*
- *Wenn der Kreditnehmer nicht neu gegründet wird: Geschäftsberichte und Jahresabschlüsse der letzten drei Jahre, eventuell aktuelle BWA, Registerauszug, Satzung*
- *Bei baulichen Investitionen: Grundbuchauszug / Kaufvertrag, Lageplan, Baupläne und Berechnungen, Fotos, Mietaufstellung, Sachverständigengutachten, Kostenaufstellung des Architekten.*

Beratung

Insbesondere bei Neugründungen, wenn im Projekt noch nicht genügend Know-how beispielsweise in der Ansprache von Stiftungen oder im Rechnungswesen vorhanden ist, lohnt sich das Engagement von externen Beratungsunternehmen. Auch die Baubuchhaltung und -kostenkontrolle wird in vielen Fällen sinnvoller Weise vergeben. Wie können hierfür die richtigen Partner gefunden werden?

- Idealerweise durch positive Referenzen von einer befreundeten Einrichtung.
- Alle Dachverbände können zumindest Hinweise geben bzw. unterhalten oft selbst Beratungseinrichtungen, beispielsweise der Paritätische Wohlfahrtsverband, die Diakonie, die Caritas, Fachverbände, u.a.
- Auch potenzielle Geldgeber (Stiftungen, Banken) haben dahingehend ihre Kontakte und eventuell auch Präferenzen.
- Viele Fragen können durch Internet-Recherchen geklärt werden. Die am meisten genutzte deutsche Seite zum Thema finden Sie unter www.vereinsknowhow.de

Falk Zientz ist Mitarbeiter der GLS Gemeinschaftsbank eG und der Gemeinnützigen Treuhandstelle e.V.

VII. Risiken

Eine Geschäftsidee »versandet«, weil sich im Verein niemand mit dem Projekt identifiziert. Ein Verein »trocknet aus«, da unzufriedene Mitglieder nach der Geschäftsgründung abwandern. Die Belegschaft eines Geschäftsbetriebs »meutert«, weil sie schlechter bezahlt wird als die Sozialarbeiter beim selben Träger. Eine ausgelagerte GmbH »läuft auf Grund«, weil keine Sicherheiten für ein Überbrückungsdarlehen zur Verfügung stehen. Ein Zweckbetrieb »kentert« nach Fehlinvestitionen aufgrund falsch eingeschätzter Risiken … Die Liste der möglichen Havarien und Krisen bei der Geschäftsgründung ist lang und bedrohlich. Neben der optimalen Gründungsstrategie müssen daher auch die Stolpersteine geklärt werden:

- *Was sind die häufigsten Probleme, mit denen gemeinnützig verankerte Geschäftsgründungen zu kämpfen haben?*
- *Welche Fehlentwicklungen treten im Gründungsprozess auf und wie wirken sie sich langfristig aus?*
- *Wie kann man den genannten Risiken begegnen?*

Mit dem im Leitfaden dargelegten schrittweisen Herangehen kann ein solides Fundament für die langfristige strategische Planung und Entwicklung von Geschäftsbetrieben gelegt werden. Der Leitfaden zeigt auf, wie die Entscheidung vernünftig abgewägt, das Geschäftsfeld passend gewählt, die Marktchancen systematisch analysiert, der Geschäftsplan erfolgversprechend formuliert und das Startkapital für die Gründung akquiriert werden können. In jeder der beschriebenen Phasen gibt es dabei kritische Punkte und »Entwicklungsstörungen«, die den Erfolg der Geschäftsgründung beeinträchtigen können. Eines der zentralen Probleme ist in diesem Zusammenhang der »Kultur-Clash« zwischen dem gemeinnützig geprägten Profil der Träger und den Anforderungen der marktbezogenen Orientierung.

Der »Kultur-Clash«

In nahezu allen untersuchten Fällen steht die Spannung zwischen der gemeinnützigen und der unternehmerischen Logik bei der Analyse kritischer Punkte an erster Stelle. Der »Kultur-Clash« spannt sich dabei nicht nur zwischen den Polen »Ideal« und »Markt« auf, sondern spielt sich im Dreieck von ideeller, marktbezogener und staatlich-bürokratischer Logik ab, da sich die gemeinnützige Organisationskultur nicht nur aus dem Milieu der »ideellen Szene«, sondern auch aus dem zum Teil übernommenen bürokratischen Denkmodell der Verwaltung speist. Die Unterschiede dieser Muster zur unternehmerischen Kultur bestimmen dabei das Potential an Reibung, das beim Aufbau von Geschäftsbetrieben in einer gemeinnützigen Organisation entsteht.

Die »Immun-Reaktion« des gemeinnützigen Organismus gegen ein unternehmerisches Projekt nimmt in dem Maße zu, wie das Projekt in der Organisation als Fremdkörper wahrgenommen wird, sich also nicht aus einem transparenten inneren Prozess heraus entwickelt hat. Das gleichzeitige Auftreten von »Antikörpern« aus der Sphäre der ideellen Szene (z.B. Vorbehalte gegen Kommerzialisierung) und des Verwaltungsdenkens (z.B. Vorbehalte gegen unternehmerische Risiken) ist dabei vorprogrammiert.

Intermediäre Organisationen

Die Suche nach einem Konzept, mit dem sich Initiativen, Vereine, Verbände und andere Träger sozialer, kultureller und gesellschaftspolitischer Aufgaben theoretisch fassen lassen, hat bislang noch keinen konsensfähigen Ausgang genommen. Neben dem (ökonomisch geprägten) Begriff des »Nonprofit-Bereichs« und dem (soziologisch geprägten) Begriff des »Dritten Sektors« spielt seit einiger Zeit auch das politisch akzentuierte Konzept des »Intermediären Bereichs« von Adalbert Evers (1990) eine wichtige Rolle. Das Konzept fasst als primäres Kennzeichen der oben genannten Organisationen ihre Vermittlerrolle zwischen den drei gesellschaftlichen Sphären Gemeinschaft, Staat und Markt. Intermediäre Organisationen sind durch diese Vermittlung nicht nur in ihrer Zielsetzung, sondern auch in den Organisationsformen und Funktions-Logiken von unterschiedlichen Sphären geprägt.

Im gemeinnützigen Bereich ist die vorherrschende Form von Intermediarität die Vermittlung zwischen Gemeinschaft und Staat. Dies erklärt sich dadurch, dass der Status der Gemeinnützigkeit über Aufgaben definiert ist, die aus der Gemeinschaft heraus bearbeitet werden, wegen ihrer gesellschaftlichen Bedeutung aber staatliche Unterstützung erhalten (sei es in Form von Steuervergünstigungen oder durch öffentliche Förderung). Als »Input«-Funktion wird bei der Vermittlung

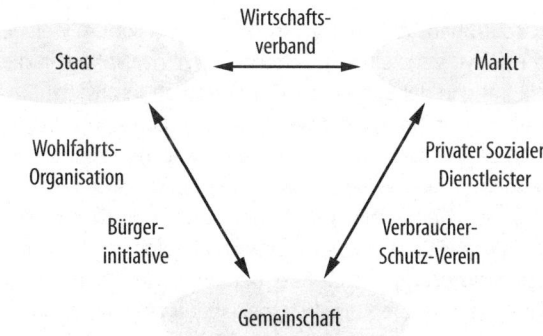

zwischen Gemeinschaft und Staat die Einspeisung von Interessen in die staatliche
Sphäre bezeichnet (etwa durch Lobbying oder Repräsentation), als »Output«-Funk-
tion die stellvertretende Ausführung staatlicher Aufgaben gegenüber der Gemeinschaft (etwa durch das Angebot subventionierter sozialer Dienstleistungen). In dem
Spagat, der sich aus dieser Vermittlungsarbeit ergibt, treffen auf der Zielseite die
einander widersprechenden Ansprüche von Klienten und öffentlichen Geldgebern
aufeinander, auf der Form-Seite die organische Struktur der Gemeinschaft und die
bürokratische Struktur der staatlichen Organe. Der daraus resultierende Konflikt
intermediärer Organisationen ist von Horch (1992) unter dem Begriff des »Mobilisie-
rungs-Integrations-Dilemma« beschrieben worden. Dabei ist nicht nur der Konflikt
selbst, sondern auch das Potential seiner Lösung eines der Kennzeichen des intermediären Bereichs. Erfolgreiches »Spannungsmanagement« und »Mehrsprachigkeit«
in Bezug auf ihre Umweltbeziehungen gehören somit zu den Stärken intermediärer
Organisationen.
Während das Agieren im Spannungsfeld Gemeinschaft – Staat in der beschriebenen
Form mithin zur Routine gemeinnütziger Träger gehört, bleibt das Spannungsfeld
Gemeinschaft – Markt eine offene Baustelle. Bezeichnenderweise bahnen sich die
Vorboten des Marktes ausgerechnet über den Umweg der staatlichen Sphäre (im
Rahmen des »New Public Management« und der Privatisierung öffentlicher Leistun-
gen) den Weg in die gemeinnützige Welt. Leistungsverträge ersetzen zunehmend
Fehlbedarfsfinanzierungen, Ausschreibungsverfahren lösen langfristige Auftrags-
beziehungen ab, Geldgeber fordern immer öfter kundenbasierte Kennzahlen für
Qualität, die die lange betriebene Selbstevaluation der Träger ersetzen. Drastischer
noch geht die Annäherung in den Bereichen der Sozialwirtschaft vonstatten, die im
Zuge der Europäischen Integration in offene Märkte übergleiten. All dies sind Entwicklungen, die den intermediären Bereich zu teilweise schmerzlicher Annäherung
an die Sphäre des Marktes zwingen. Mit dem Aufbau von Projekten zur Eigenmittel-
Erwirtschaftung bewegen sich gemeinnützige Träger noch ein weiteres Stück auf die
marktbezogene Sphäre zu, holen sie mitunter sogar direkt ins eigene Haus.

Die folgende Zusammenstellung gibt eine kurze Übersicht, in welchen Bereichen Konflikte zu erwarten sind, und wo sich kulturelle Brücken von einer Sphäre in die andere schlagen lassen.

- **Struktur:** Während in der Sphäre der Gemeinschaft informelle Zusammenhänge vorherrschen, die auf sozialen Netzwerken aufbauen, sind im staatlichen wie auch im Unternehmensbereich Formalstrukturen als Organisationsform dominant. Der mit dem Aufbau von Geschäftsbetrieben verbundene Marktimpuls passt insofern strukturell mit dem bürokratischen Kulturanteil gemeinnütziger Träger zusammen. Dennoch kann die Geschäftsgründung von der Flexibilität und Ressourcenvielfalt informeller Strukturen profitieren.
- **Aufgabenspezialisierung:** Ein weiterer Bereich, in dem sich bürokratische und marktbezogene Logik treffen, ist die Aufgabenspezialisierung. Während in der Sphäre der Gemeinschaft eine hohe Aufgabendiffusion herrscht, in der Beteiligte multiple, oder gar universelle Rollen einnehmen, herrscht in der bürokratischen und unternehmerischen Logik eine hohe Aufgabenspezialisierung vor. Aus diesen unterschiedlichen Anforderungen ergibt sich oft ein Konflikt zwischen Universalisten und Spezialisten beim Aufbau von Geschäftsbetrieben.
- **Risikobezug:** Die Risiko-Einstellung ist einer der Punkte, in dem die marktbezogene Logik mit den Logiken von Gemeinschaft und Bürokratie am stärksten auseinanderfällt. Während im Bereich der Bürokratie ein Risikotabu herrscht, das sich aus dem Gebot der Stabilität und Planbarkeit herleitet, ist der informelle Bereich oft von Risikoaversion geprägt, die sich aus kollektiven Abstimmungsprozessen ergibt. Unternehmerisches Handeln ist im Gegensatz dazu auf riskante Entscheidungen angewiesen, da der Gewinn vom Risiko lebt.
- **Motivation:** Ein grundlegender Unterschied zwischen den Sphären findet sich im Bereich der Motivation. Während das Klischee vom Altruismus im Nonprofitbereich und Egoismus im Profitbereich ohne Zweifel zu kurz greift, lässt sich sagen, dass die ideelle Szene zu einem hohen Grad von der Eigenmotivation der Beteiligten (»intrinsische Motivation«) lebt, während in der Marktlogik jenseits des unternehmerischen Eigeninteresses Anreizsysteme zwischen den Interessen von Organisation und Individuum vermitteln (und so die »extrinsische Motivation« stärken). Anreizsysteme sind auch in der bürokratischen Sphäre verbreitet, allerdings setzt die bürokratische Logik gleichzeitig auf Pflichterfüllung.
- **Zielsystem:** Auch wenn die Gewinnmaximierung in der unternehmerischen Logik nicht immer das einzige Ziel ist, nimmt sie doch eine dominante Stellung im Zielsystem marktwirtschaftlicher Unternehmen ein. Demgegenüber sind sowohl in der Gemeinschaft als auch in der staatlichen Sphäre multidimensionale Zielsysteme vorherrschend, in denen ideelle bzw. sachbezogene Ziele überwiegen. Diese Reibung kann aufgelöst werden, indem die Gewinnmaximierung bei Modellen der Eigenmittel-Erwirtschaftung zum abhängigen Ziel im Rahmen der Förderung ideeller Organisationsziele wird.
- **Planung:** Ein wichtiger Reibungspunkt bei der Marktorientierung von Nonprofit-Organisationen liegt in der Planungspraxis. Während in der ideellen Szene meist eine kurzfristige oder Ad-hoc-Planung vorherrscht, hat sich bei vielen Organisationen im Nonprofit-Bereich durch die Ausrichtung auf staatliche Förderprogramme eine Planungs- und Evaluationsdisziplin eingestellt, die auf Jahresschritten aufbaut. Demgegenüber ist langfristige Planung,

die im Marktbereich oft das Rückgrat der Unternehmensstrategie darstellt, hier eher die Ausnahme. Auch das quartalsmäßige Controlling ist für die meisten Nonprofits Neuland. Während sich entsprechende Mechanismen aus dem Unternehmensbereich relativ einfach übernehmen lassen, ändern sich Denkmodelle (und damit einhergehend dominante Zeithorizonte) wesentlich schwerfälliger.

- **Entscheidung:** Hierarchiebildung ist eines der problematischen Dauerthemen im Nonprofit-Bereich. Im ideellen Bereich ist ein Hierarchietabu verbreitet, das oft die von Freeman in der »Tyrannei der Strukturlosigkeit« beschriebenen informellen Führungsstrukturen befördert, in denen Macht nicht mehr durch Verantwortlichkeit (»accountability«) balanciert wird. Gleichzeitig sind in der Sphäre der Gemeinschaft auch gut funktionierende kollektive und partizipative Führungsmodelle zu finden. Dabei herrschen neben spontanen Einzelentscheidungen oft kollektive »bottom up«-Prozesse vor, die durch die umfangreiche Perspektivenabstimmung in der Regel viel Zeit in Anspruch nehmen. Demgegenüber sind Hierarchien für die Logik der Bürokratie konstitutiv. Während im Unternehmensbereich zunehmend von flachen Hierarchien und partizipativen Strukturen die Rede ist, ist die Realität auch hier immer noch stark hierarchisch bestimmt. So findet sich in diesem Aspekt eine relativ breite Andockfläche zwischen marktbezogener und bürokratischer Logik. Allerdings sind Entscheidungen in bürokratisch dominierten Organisationen durch Verfahrensschleifen und Rückbindungen meist wesentlich langwieriger als die schnellen »top-down«-Entscheidungen im Unternehmensbereich. Aus diesem Grunde ruft das Tempo des Marktes oft Unbehagen sowohl aus der Ecke der ideellen als auch der bürokratischen Sphäre in Nonprofit-Organisationen hervor.

Die folgende Tabelle gibt eine Übersicht über die genannten Aspekte. Die schattierten Felder zeigen dabei Anknüpfungspunkte zwischen den drei Sphären auf.

Gemeinschaft (ideelle Logik)	Staat (bürokratische Logik)	Markt (unternehmerische Logik)
Informelle Strukturen dominant	Formalstruktur dominant	Formalstruktur dominant, aber Flexibilität gefragt
Universalismus / Aufgabendiffusion	Extreme Aufgaben-spezialisierung	Aufgabenspezialisierung
Risikoaversion in kollektiven Prozessen	Risikotabu als Stabilitätsgarant	Risiko konstitutiv für Handeln
Hohe Eigenmotivation	Pflichterfüllung und Motivierung über Anreize	Motivierung über Eigeninteresse und Anreize
Primat ideeller Ziele (multidimensionales Zielsystem)	Primat von Sachzielen (multidimensionales Zielsystem)	Primat der Gewinnmaximierung (meist eindimensionales Zielsystem)
Kurzfristige Planung	Planung in Jahresschritten	Langfristige strategische Planung mit Quartalskontrolle
Vorwiegend langsame kollektive oder partizipative Entscheidungen	Langsame hierarchische Entscheidungen	Vorwiegend schnelle hierarchische Entscheidungen

Während die Grenze zwischen den Sphären oft mitten durch die Köpfe der Beteiligten verläuft, finden sich regelmäßig auch Akteure, die einzelne Sphären in ihrer Reinform verkörpern, und sich im Prozess als »Ideelle«, »Bürokraten« oder »Unternehmer« profilieren. Dabei droht das Auseinanderbrechen und die Abwanderung aus der Organisation aufgrund des Kultur-Clashs aus allen drei Ecken. Für jeden der drei Typen ist dabei ein anderes Thema entscheidend und muss geklärt werden, um die Vorbehalte zu überwinden.

Die Bürokraten
Die »Bürokraten« sind die berühmten (und nicht immer beliebten) Buchhalter/innen und Kassenwarte, oft auch Leitungspersonen, die die Anschlussstelle zu den formalen Bezugssystemen der Organisation (Behörden und Geldgebern) bilden und beständig Struktur ins Chaos der Organisation bringen. Einer Geschäftsgründung stehen die Bürokraten meist aufgrund der mit ihr verbundenen Risiken skeptisch gegenüber, was im Lichte ihrer Haftungsverantwortung oft berechtigt ist. Ihre Rolle als »Advocatus Diaboli« kann dabei in der Startphase als Bremse für allzu schnelle Schüsse und überoptimistische Prognosen wichtig sein. Zu ihrer Überzeugung sind Prüfprozesse notwendig, die nicht nur den möglichen Nutzen einer Grün-

dung, sondern vor allem die Möglichkeiten der Risikominimierung in den Fokus nehmen. Verschließt sich die Skepsis der Bürokraten allerdings dem unternehmerischen Konzept per se, werden sie zur Dauerbremse und es kann zur Spaltung des Teams kommen.

Die Ideellen

Die »Ideellen« sind die sozial oder politisch motivierten Aktivisten der Organisation. Oft sind sie Teil der Gründergeneration, in jedem Fall gehören sie meist zur informellen Führung und sind Motoren der ideellen Arbeit. Geschäftsgründungen lehnen sie häufig ab, weil sie in ihnen die Gefahr der Kommerzialisierung des Trägers und der Vernachlässigung seiner ideellen Ziele sehen. Da »Ideelle« meist stark engagiert sind und oft Kontakte und Kompetenzen haben, die für die ideelle Programmarbeit des Trägers wichtig sind, ist es für die Organisation ein schwerer Schlag, wenn sie das Feld räumen. Daher ist es wichtig, sie in den Gründungsprozess einzubeziehen, auch wenn dies manchmal unbequem und langwierig erscheint. Zu ihrer Überzeugung muss klar gestellt werden, dass die Geschäftsgründung in erster Linie die Erreichung der ideellen Ziele der Organisation stärken soll und keinen Selbstzweck darstellt. Bisweilen kochen die ideologischen Fronten jedoch so hoch, dass »Ideelle« bei der Durchsetzung einer Gründung trotz allem die Organisation verlassen, um ihre Ziele in einem anderen Rahmen umzusetzen.

Die Unternehmer

Unternehmer-Typen gibt es in jeder Organisation. Sie sind – wie die »Ideellen« – Macher, die der Organisation Energie und wichtige Impulse geben können. Oft sind es die »Unternehmer«, die Geschäftsgründungen vorschlagen und als »Champions« vorantreiben. Dabei reiben sie sich häufig mit den Bürokraten, bis hin zur leidenschaftlichen persönlichen Feindschaft. In einer (kollektiv oder hierarchisch) kontrollierten Umwelt fühlen sich »Unternehmer« nicht besonders wohl. Daher kommt es mitunter vor, dass sie die Organisation verlassen, wenn sie sich mit ihren Ideen ausgebremst fühlen oder das Gefühl haben, dass sie die Geschäftsidee alleine besser umsetzen können. Wichtig ist bei ihrer Einbindung, dass Einflusssphären, Anerkennung und materielle Beteiligung beim Projekt geklärt werden.

Wege aus dem Kultur-Clash

Ein zentraler Moment bei der Überwindung des Kultur-Clashs ist die Erkenntnis, dass sowohl die »Ideellen«, als auch die »Bürokraten« und die »Unternehmer« ihren Platz und ihre wichtige Rolle im Prozess der Geschäftsgründung haben, da sie jeder für sich einen wichtigen Prüfstein des Erfolgs kontrollieren: Die »Ideellen« in Bezug auf die Frage, ob der Geschäftsbetrieb die ideellen Ziele des Trägers tatsächlich fördert oder sich zum Selbstzweck entwickelt hat; die »Bürokraten« in Bezug auf die Frage, ob die Risiken des Geschäftsbetriebs, hinreichend entschärft sind; und die »Unternehmer« in Bezug auf die Frage, ob der Geschäftsbetrieb optimal aufgestellt ist, um seinen betriebswirtschaftlichen Zielen gerecht zu werden.

Jenseits dieser Erkenntnis bieten sich als Auswege aus dem Kultur-Clash strukturelle Lösungen aus dem Bereich der Organisationsentwicklung und personenbezogene Lösungen aus dem Bereich der Personalentwicklung an.

Im strukturellen Bereich kann die Spannung durch **lose Kopplung der beiden Systeme** entschärft werden. Lose Kopplung liegt zum Beispiel vor, wenn Geschäftsbetriebe ausgelagert und eigenständig geführt werden (ohne dabei gänzlich unabhängig vom Träger zu sein) oder wenn einzelne Abteilungen innerhalb einer Organisation unterschiedliche Leitungs- oder Vergütungssysteme haben. Insbesondere beim Thema Vergütung ist jedoch Sensibilität gefragt: Ob die Existenz verschiedener Tarife unter einem Dach mehr Reibung verursacht, als gleiche Bezahlung bei unterschiedlichen Anforderungen, ist im Einzelfall abzuwägen.

Im Bereich der Personalentwicklung sind drei Zielebenen zu unterscheiden, auf denen kulturelle Spannungen aufgefangen und bearbeitet werden können. Auf der Ebene der Organisation kann eine **starke gemeinsame Kultur** als Integrationsrahmen für die unterschiedlichen Logiken der Einflusssphären wirken. Bekanntermaßen lassen sich zwar Organisationskulturen nicht ganz einfach beeinflussen, dennoch kann einiges getan werden, um eine gemeinsame Identifikation herzustellen. Dabei ist darauf zu achten, dass die gemeinsame Kultur den ideellen Anspruch des Trägers widerspiegelt, aber dennoch keine Kopie der bereits im ideellen Bereich bestehenden Kultur ist. Die Entwicklung eines gemeinsamen Leitbildes kann hier helfen. Ebenso wichtig ist allerdings gemeinsam Ge- und Erlebtes in Teambildungsprozessen.

Als Lösung auf Ebene der Interaktion besteht die Möglichkeit zur Förderung der **interkulturellen Kompetenz** von Mitarbeiter/innen beider Bereiche. Hierbei sollten das Verständnis der Perspektive der jeweils anderen Seite, die Wertschätzung ihres spezifischen Beitrags zu den Organisationszielen und die Kommunikationsfähigkeit zwischen den beiden Seiten im Zentrum stehen. Möglichkeiten, dies zu erreichen sind Workshops zum Erwartungs- und Perspektivenaustausch, »Job Shadowing«-Programme, bei denen Mitarbeiter/innen aus einem Bereich ihren Kolleg/innen aus dem jeweils anderen für eine bestimmte Zeit im Arbeitsalltag begleiten, und gemischte Projekt- und Arbeitsgruppen zu Themen mit übergreifendem Koordinationsbedarf oder Potential von Synergien (etwa gemeinsame Öffentlichkeitsarbeit, Raum- und Betriebsmittelnutzung oder kooperative Produktentwicklung).

Letztendlich kann Personalentwicklung zur Entschärfung kultureller Spannungen auch auf individueller Ebene ansetzen. Hier steht insbesondere die integrierende Führungsebene, also Personen, die sowohl ideelle als auch wirtschaftliche Organisationseinheiten oder Aktivitäten leiten, im Mittelpunkt. Gefragt ist vor allem **»Schnittstellen-Kompetenz«**, also die Fähigkeit in beiden Bereichen kompetent und authentisch zu handeln und zwischen ihren unterschiedlichen Anforderungen zu vermitteln. Entsprechende fachliche und soziale Kompetenz kann in der Regel nicht schnell erlernt werden, sondern wächst mit der Erfahrung und muss zunächst durch die sorgfältige Auswahl geeigneter Personen garantiert werden.

Entwicklungsstörungen

Während sich der Kultur-Clash wie ein roter Faden durch die Entwicklung von Geschäftsbetrieben im gemeinnützigen Kontext zieht, können sich beim Aufbau auch in jedem einzelnen Schritt Fehlentwicklungen ergeben, die sich auch auf den späteren Verlauf auswirken. Im
Folgenden sind zehn Punkte benannt, die in den einzelnen Prozessphasen zu Stolpersteinen
werden können.

1. Unrealistische Ziele und Erwartungen

Im Entscheidungsprozess um die Geschäftsgründung kann bereits der Same des Misslingens
angelegt sein, wenn der Prozess auf unrealistischen Zielstellungen fußt. Oft ist das einzige
Motiv der Gründung die Erwirtschaftung von Eigenmitteln. Mit dieser einseitigen Betonung
des finanziellen Nutzens werden bei Team und Mitgliedern Erwartungen geweckt, die unter
Umständen nicht erfüllt werden können. So wird etwa die Erwartung, dass ein Betrieb innerhalb der ersten Jahre bereits als »Cash Cow« gemolken werden kann, in der Regel enttäuscht.
Finanzielle Vorteile können zwar durchaus eintreten, ebenso zentral sollten bei der Entscheidung aber die nicht-monetären Auswirkungen des Geschäftsbetriebes sein. Werden entsprechende Ziele nicht formuliert, stellt sich der Nutzen aufgrund entsprechender Konstruktion
des Geschäftsbetriebs oft auch nicht ein.

2. Top-Down-Prozess

Ein weiterer Stolperstein in der Entscheidungsphase ist die fehlende Einbeziehung der Bezugsgruppen. Oft werden strategische Entscheidungen im engsten Kreis von Vorstand und
Geschäftsführung getroffen. Durch diese »top-down«-Planung kommt es häufig zum »Versanden« oder »Auflaufen« von Projekten. Prozesse, die mit viel Energie von oben begonnen werden, verlieren dabei bereits in der ersten Umsetzungsstufe an Kraft, da sich kein Gefühl der
Teilhabe an der Basis einstellt. Oft führt ein Top-Down-Beschluss allerdings auch zu offenem
Konflikt, da eine Geschäftsgründung das mikropolitische Klima der Organisation derart stört,
dass Widerstände vorprogrammiert sind. Im Extremfall kann ein »durchgedrücktes« Projekt
sogar zur Spaltung der Organisation führen, bei der die Organisation wie oben beschrieben
in drei Teile bricht. Um diese Effekte zu verhindern, ist eine breiter Kommunikationsprozess in
der Organisation notwendig. Wichtig ist dabei auch, dass die Eigeninteressen der Führung in
diesem Prozess weitgehend geklärt und ggf. neutralisiert sind.

3. Fehlende Innenschau

Bei der Bestimmung des Geschäftsfeldes ist darauf zu achten, dass die Ressourcenanalyse
ernst genommen wird. Ein häufiger Fehler ist, dass Träger sich nicht an ihren Stärken orientieren, sondern einfach ein funktionierendes Geschäftsmodell vom Markt kopieren. Solche
»Me-too«-Strategien sind zum Scheitern verurteilt, wenn der neue Betrieb den etablierten Anbietern gegenüber keine Wettbewerbsvorteile und kein abgrenzbares Profil hat. Die Nutzung

der Ressourcen und die Passung der ideellen Ziele mit dem Profil des Geschäftsbetriebs sind dabei auch wichtig, um vom finanziellen Erfolg am Markt unabhängiger zu sein.

4. Zu enge Zielgruppen

Mitunter tun sich Planungsteams schwer, neben der primären Zielgruppe des Trägers weitere Kreise zu identifizieren, die als Kunden des Geschäftsbetriebs in Frage kommen. Somit versuchen viele Träger, ihre Produkte an die Zielgruppen der ideellen Arbeit zu verkaufen, die oft nur geringes Einkommen haben. Träger unterschätzen dabei meist die Kosten für Produktion und Marketing und überschätzen die Kundenzahl, sodass die Produkte zu billig angeboten werden. Dies ist um so schlimmer, wenn die Zielgruppe (bzw. die Marktnische) zu eng definiert wird, also auch die Wachstumsperspektive begrenzt ist. Es sollte daher immer auch geprüft werden, ob andere Stakeholder des Trägers, Gruppen, die ihnen ähnlich sind, oder ganz neue Kundenkreise als Zielgruppen in Frage kommen.

5. Introversion

Eine bekannte Qualität der gemeinnützigen Szene ist, dass sie von relativ dichten Netzwerken lebt. Je homogener diese Netzwerke sind, desto eher laufen die Akteure Gefahr, die Realität der Szene als einzige Realität zu sehen. Diese »Introversion« führt mitunter dazu, dass es schwer fällt, aus der Perspektive des Kunden zu denken. Darüber hinaus wird oft die Funktionsweise des gemeinnützigen Bereichs auf den Geschäftsbetrieb übertragen. So verwechseln viele Planer zum Beispiel Bedarf mit Nachfrage. Während im gemeinnützigen Bereich in der Regel mit Bedarfen operiert wird, ist für den wirtschaftlichen Bereich die Nachfrage entscheidend, da ein Bedarf ohne Kaufkraft nicht zum Geschäft beiträgt. Es ist daher sinnvoll, bei der Marktanalyse und im gesamten Prozess der Geschäftsplanung auch Personen von außerhalb der Szene einzubinden.

6. Normative Sicht

Ein der Introversion verwandtes Problem ist die normative Sicht, durch die Planer im Urteil über ihr eigenes Produkt geblendet werden. Manchen Organisationen scheint ihre Mission so heilig, dass sie meinen, Kunden würden ihre Produkte allein deswegen sofort kaufen. Dies trifft für einmalige Käufe mitunter zu, allerdings ist mit einer langfristigen Nachfrage nur dann zu rechnen, wenn das Produkt die Qualitätserwartung der Kunden befriedigt. So kann es zum Beispiel bei einer schlecht gemachten Stadtteilzeitung zu einer Reihe von Einmalkäufen kommen, die den Charakter von Spenden haben, ein Abonnement wird aber eher die Ausnahme sein.

7. Zu enge Kopplung

Ein häufiger Konstruktionsfehler ist die zu enge Kopplung des Geschäftsbetriebs an den gemeinnützigen Träger. Die enge Bindung ergibt sich dabei entweder aus der Not, weil für eine Auslagerung des wirtschaftlichen Bereichs nicht genügend Kapazitäten zur Verfügung stehen, oder sie entspringt der Angst des Trägers vor Kontrollverlust, da befürchtet wird, der Betrieb könnte sich ohne die enge Anbindung verselbständigen. Die enge Kopplung bindet den ideellen und wirtschaftlichen Bereich an einen gemeinsamen Kompromissrahmen und verhindert so »lokale Lösungen«. So ist ein einheitlicher Managementstil und ein einheitliches Vergütungssystem in Anbetracht der unterschiedlichen Arbeitskontexte in den Bereichen nicht immer sinnvoll. Reibungen und Konflikte, die sich aus den unterschiedlichen Kulturen und Anforderungen der beiden Bereiche entwickeln, werden dabei in eng gekoppelten Systemen nicht gegeneinander abgefedert. Letztendlich bedingt enge Kopplung auch nach außen einen Konflikt, da sich die Organisation ihren verschiedenen Kunden- und Anspruchsgruppen gegenüber mit je anderer Fassade zeigen muss: Kunden im wirtschaftlichen Bereich gegenüber muss sie ein unternehmerisches Gesicht zeigen und wirtschaftlichen Erfolg ausstrahlen; Förderern und Spendern gegenüber muss sie dagegen ein ideelles Gesicht zeigen und Bedürftigkeit signalisieren.

8. Zu lose Kopplung

Neben der zu engen Kopplung besteht auch die Gefahr der zu losen Kopplung. Sie ist in der Regel dort zu finden, wo Geschäftsbetriebe mit dem primären Ziel gegründet werden, Geld zu erwirtschaften. Sie kann auch durch eine Verselbständigung des ausgelagerten Betriebs zustande kommen, wenn dieser von Akteuren geleitet wird, die ihre eigenen Interessen verfolgen. Übermäßig lose Kopplung bewirkt, dass die Ressourcen des gemeinnützigen Trägers im Geschäftsbetrieb nicht als Wettbewerbsvorteile genutzt werden können. Zudem geht die Möglichkeit zur strategischen Steuerung der beiden Organisationen verloren und es entsteht Redundanz. Um Verbindlichkeit in lose gekoppelten Systemen zu wahren ist es wichtig, dass die Geschäftsführung des Betriebs nicht nur hinter den ideellen Zielen des Trägers steht, sondern auch die Notwendigkeiten und Denkmuster der Kultur im gemeinnützigen Bereich versteht.

9. Zu viel Möglichkeitsdenken

Die Euphorie und Begeisterung, mit der eine Projektidee geboren wird, steht der notwendigen nüchternen Planung einer Geschäftsgründung oft im Wege. So wirkt das Möglichkeitsdenken der »Champions« mitunter als Linse, mit der kritische Punkte in der Wahrnehmung des Projektes gefiltert werden. Sofern eine ganze Gruppe der Geschäftsidee zugetan ist, kann es auch zu dem berühmten »Group Think«-Effekt kommen, bei dem durch herrschende Meinung kollektive blinde Flecken entstehen. Viele Projekte werden auf diesem Wege in der Planungsphase »schöngerechnet«. Die Folgen sind überoptimistische Umsatzprognosen, Unterkapitalisierung und unterschätzte Geschäftsrisiken. Zur Vermeidung dieses Effektes ist es sinnvoll, einen Beirat aus Mitarbeiter/innen, Vorstand und externen Fachleuten zu bilden, der die Perspektive der Proponenten kritisch prüft. Unter Umständen bietet sich in Projektteams auch die Rolle eines »Advocatus Diaboli« an, der systematisch die worst-case-Szenarien vertritt.

10. Zu viel kritische Distanz

Das Gegenteil des Möglichkeitsdenkens ist die kritische Distanz. Wie beschrieben hat sie ihren wichtigen Platz im Planungsprozess, allerdings wirkt sie in übertriebener Form oft als Bremse, die schon viele gute Geschäftsideen in die Schublade zurückverbannt hat. Wo Bedenkenträger die Geschäftsplanung dominieren, wird sich in der Regel kein gewinnversprechender Plan formulieren lassen. Die Frage »Was könnte schief gehen?« muss im Sinne eines gewissenhaften Risikomanagements gestellt werden. Es muss jedoch auch klar sein, dass Risiko ein untrennbarer Teil des Wirtschaftens ist und somit nicht vollständig beseitigt werden kann. Da im gemeinnützigen Bereich in der Regel eine starke Risikoaversion oder auch ein Risikotabu herrscht, liegt hier ein grundlegendes kulturelles Problem. Den Bedenken lässt sich in der Regel am besten damit begegnen, dass ein stichhaltiger Plan zur Risikominimierung aufgestellt wird. Irreversible Investitionen sollten dabei nur schrittweise gemacht und an ein rigoroses Controlling geknüpft werden, bei dem klare Kriterien für Entscheidungen definiert sind.

VIII. Juristische Grundlagen
von Sebastian Leonhard

Steuerliche Aspekte der Gemeinnützigkeit

Der Titel »Steuerliche Aspekte der Gemeinnützigkeit« ist in gewisser Weise eine Tautologie. Denn der Begriff der Gemeinnützigkeit wird heutzutage im wesentlichen durch das Steuerrecht definiert. In § 52 der Abgabenordnung (AO) heißt es:

»Eine Körperschaft verfolgt gemeinnützige Zwecke, wenn ihre Tätigkeit darauf gerichtet ist, die Allgemeinheit auf materiellem, geistigem oder sittlichem Gebiet selbstlos zu fördern.«

Andererseits existiert der Begriff der Gemeinnützigkeit auch außerhalb des steuerlichen Bereichs. Die allgemeine Verwendung des Begriffs deckt sich nicht mit der Definition der Abgabenordnung und impliziert weitere Bedeutungsinhalte als die bloße steuerliche Privilegierung. Allein um letztere soll es in diesem Kapitel jedoch gehen.

Geregelt ist das Recht der Gemeinnützigkeit im wesentlichen im dritten Abschnitt »Steuerbegünstigte Zwecke« (§§ 51–68) der Abgabenordnung (AO).

Die dortigen Bestimmungen können auf *alle Körperschaften* Anwendung finden, die in § 1 KStG genannt sind (z.B. Kapitalgesellschaften, Erwerbs- und Wirtschaftsgenossenschaften sowie sonstige juristische Personen des privaten Rechts). Die klassische Rechtsform eines gemeinnützigen Trägers, die des eingetragenen Vereins (»e.V.«) im Sinne der §§ 55 ff. BGB, ist also keineswegs zwingend. Vielmehr kann ein gemeinnütziger Träger ebensogut eine Gesellschaft mit beschränkter Haftung (GmbH) oder eine Aktiengesellschaft (AG) sein.

Gemeinnützigkeit

Steuerbegünstigt werden nach § 51 AO Körperschaften, die mildtätige, kirchliche oder gemeinnützige Zwecke ausschließlich und unmittelbar verfolgen. Die Steuerbegünstigung einer gemeinnützigen Körperschaft setzt somit unter Berücksichtigung der eingangs zitierten Definition des § 52 AO voraus, dass die Tätigkeit der Körperschaft
- ausschließlich und
- unmittelbar auf die
- selbstlose
- Förderung der Allgemeinheit auf materiellem, geistigem oder sittlichem Gebiet gerichtet sein muss.

Dabei muss sich die Einhaltung dieser Vorgaben zum einen aus der **Satzung** der Körperschaft (im Sinne des § 59 AO) ergeben, zum anderen muss die tatsächliche Geschäftsführung diesen Satzungsbestimmungen entsprechen, §§ 60–63 AO.

Eine **Förderung der Allgemeinheit** kommt insoweit insbesondere in den in § 52 Abs. 2 AO ausdrücklich genannten Bereichen in Betracht (z.B. die Förderung der Wissenschaft und Forschung, der Bildung und Erziehung, der Kunst und Kultur, des Denkmalschutzes, der Jugend- und Altenhilfe, des öffentlichen Gesundheitswesens, des Sports, etc.) Eine Förderung der Allgemeinheit liegt nicht vor, wenn der Kreis der Personen, dem die Förderung zugute kommt, fest abgeschlossen ist, § 52 I 2 AO. Mildtätige und kirchliche Zwecke sind in den §§ 53 und 54 AO definiert.

Die Förderung ist nach § 55 AO **selbstlos**, wenn dadurch nicht in erster Linie eigenwirtschaftliche Zwecke verfolgt werden und wenn außerdem folgende Voraussetzungen erfüllt sind:
a) Mittel der Körperschaft werden nur für die satzungsmäßigen Zwecke verwendet,
b) bei Ausscheiden eines Mitglieds wird nicht mehr als der geleistete Kapitalanteil erstattet,
c) keine Person wird durch Ausgaben, die dem Zweck der Körperschaft fremd sind, begünstigt oder erhält unverhältnismäßig hohe Vergütungen,
d) das Vermögen wird bei Auflösung oder Aufhebung der Körperschaft nur für steuerbegünstigte Zwecke verwendet.

Ausschließlichkeit liegt vor, wenn die Körperschaft nur ihre steuerbegünstigten satzungsmäßigen Zwecke verfolgt, § 56 AO.

Diese Zwecke werden **unmittelbar** verfolgt, wenn die Körperschaft diese selbst verwirklicht, wobei dies auch durch Hilfspersonen geschehen kann, § 57 I AO. Ausreichend ist es auch, wenn die steuerbegünstigte Körperschaft Träger anderer Körperschaften ist, die unmittelbar steuerbegünstigte Zwecke verfolgen, § 57 II AO.

Steuerliche Konsequenzen

Die Anerkennung der Gemeinnützigkeit einer Körperschaft ist für diese mit einer Vielzahl steuerlicher Privilegien verbunden. Diese bestehen in erster Linie darin, dass die gemeinnützige Körperschaft von der **Ertrags- und Substanzbesteuerung**, d.h. von der Körperschaft- und

Gewerbesteuer, der Grundsteuer sowie von der Erbschaft- und Schenkungsteuer befreit ist, § 5 I Nr. 9 KStG, § 3 Nr. 6 GewStG, § 3 I Nr. 3b GrStG, § 13 Abs. 1 Nr. 16b ErbStG.

Im Bereich der **Umsatzbesteuerung** führt die Gemeinnützigkeit der Körperschaft hingegen nicht zu einer generellen Steuerbefreiung. Gleichwohl gewährt das Gesetz auch hier Vergünstigungen:

- Für Lieferungen und Leistungen außerhalb eines wirtschaftlichen Geschäftsbetriebs kommt nur ein **ermäßigter Steuersatz** in Höhe von 7% zur Anwendung, § 12 Abs. 2 Nr. 8a UstG
- Die abzugsfähige Vorsteuer kann in Höhe von 7% des Umsatzes **pauschaliert** werden, soweit kein Buchführungs- und Bilanzierungspflicht besteht, § 23a UstG.
- Die auf der Lieferung, der Einfuhr oder dem innergemeinschaftlichen Erwerb lastende Steuer eines Gegenstandes wird unter den Voraussetzungen des § 4a UstG vergütet, wenn der Gegenstand zu humanitären, karitativen oder erzieherischen Zwecken verwendet wird.

Die wichtigste Ausnahme von diesen steuerlichen Vergünstigungen betrifft das Unterhalten eines sogenannten wirtschaftlichen Geschäftsbetriebs. Die diesem Bereich zuzuordnenden Tätigkeiten der Körperschaft sind – mit Ausnahme des sogenannten Zweckbetriebs – uneingeschränkt steuerpflichtig. Es bedarf daher der Abgrenzung gegen andere Tätigkeitsbereiche, insbesondere den erwähnten Zweckbetrieb und die Vermögensverwaltung.

Die Tätigkeit eines gemeinnützigen Trägers wird typischerweise in vier Bereiche aufgegliedert:

a) Ideeller Bereich

b) Zweckbetrieb

c) Vermögensverwaltung

d) (Steuerpflichtiger) wirtschaftlicher Geschäftsbetrieb

Im Ergebnis genießen also die unter a) bis c) genannten Tätigkeiten des gemeinnützigen Trägers eine Steuerbegünstigung, während diejenige wirtschaftliche Betätigung, die nicht ausschließlich und unmittelbar den geförderten Zwecken der Körperschaft dient, im Grundsatz weiter der regulären Besteuerung unterliegt.

Nach § 14 AO ist ein **wirtschaftlicher Geschäftsbetrieb** »eine **selbständige nachhaltige Tätigkeit, durch die Einnahmen oder andere wirtschaftliche Vorteile erzielt werden und die über den Rahmen einer Vermögensverwaltung hinausgeht**. Die Absicht, Gewinn zu erzielen, ist nicht erforderlich. Eine Vermögensverwaltung liegt in der Regel vor, wenn Vermögen genutzt, zum Beispiel Kapitalvermögen verzinslich angelegt oder unbewegliches Vermögen vermietet oder verpachtet wird.«

Zugleich wird in § 14 AO somit die sog. **Vermögensverwaltung** vom wirtschaftlichen Geschäftsbetrieb abgegrenzt und definiert. Hauptkriterium für die Abgrenzung zwischen Vermögensverwaltung und steuerpflichtigem wirtschaftlichen Geschäftsbetrieb ist die Frage, ob die Körperschaft nur die anfallenden Erträge gleichsam in Empfang nimmt oder ob sie das Vermögen als Kapitalstock benutzt, um dadurch wie ein Unternehmer **am wirtschaftlichen Verkehr** teilzunehmen.

Die Vermietung und Verpachtung des Eigentums ist in der Regel Vermögensverwaltung. Unschädlich ist jedenfalls im Grundsatz, wenn die Mieter häufig wechseln oder die Verwaltung des Vermögens einen erheblichen Verwaltungsaufwand erfordert. Wenn aber beispielsweise zusätzlich **Fremdkapital aufgenommen** wird, um sich am Markt in erheblichem Maße an Spekulation, sei es mit Grundstücken oder mit Aktien, zu beteiligen, wird der Rahmen der steuerfreien Vermögensverwaltung überschritten. Entsprechendes gilt, wenn das vorhandene Grundvermögen nicht nur vermietet oder verpachtet wird, sondern zusätzlich Grundbesitz erworben wird, um diesen wie ein Bauträger zu entwickeln und wieder zu veräußern.

Im Falle einer **Beteiligung** an einer Tochtergesellschaft gilt Folgendes:

• Die Beteiligung an einer gewerblich tätigen **Personengesellschaft** stellt stets einen steuerpflichtigen wirtschaftlichen Geschäftsbetrieb dar, da es andernfalls zu Wettbewerbsverzerrungen käme. Einzige Ausnahme ist die Beteiligung an einer vermögensverwaltend tätigen GmbH & Co. KG.

Hingegen wird die Beteiligung an einer **Kapitalgesellschaft** grundsätzlich dem Bereich der steuerfreien Vermögensverwaltung zugeordnet. Dabei gilt es jedoch, folgende Ausnahmen zu beachten:

• Der gemeinnützige Träger überlässt der Kapitalgesellschaft wesentliche Betriebsgrundlagen zur Nutzung. Dann liegt ein Fall der sog. **Betriebsaufspaltung** vor mit der Folge, dass die Beteiligung nach wie vor als steuerpflichtiger wirtschaftlicher Geschäftsbetrieb bewertet wird (BFH/NV 1986, 433).

• Der gemeinnützige Träger übt ständig eine wirtschaftliche Tätigkeit durch die Tochtergesellschaft aus, indem er **tatsächlich ständig Einfluss** auf diese nimmt, so dass sie gleichsam als dessen Betriebsteil erscheint. Auch hier wird der Bereich der Vermögensverwaltung verlassen (BFH, BStBl. II 1971, 753). Umstritten ist insoweit, inwieweit bereits **personelle Verflechtungen** zwischen den Körperschaften dazu führen, dass ein steuerpflichtiger wirtschaftlicher Geschäftsbetrieb beim gemeinnützigen Träger angenommen werden muss. Nach Auffassung der Finanzverwaltung soll dafür bereits die Personalunion zwischen einem Organ des Trägers und dem Geschäftsführer der Kapitalgesellschaft ausreichen. Auch im Falle **enger wirtschaftlicher Verflechtung** der Körperschaften nimmt die Finanzverwaltung einen steuerpflichtigen wirtschaftlichen Geschäftsbetrieb an, wenn beispielsweise aufgrund einer Vielzahl von Verrechnungen zwischen den Gesellschaften sich die Tochtergesellschaft im Ergebnis als bloße Betriebsabteilung des gemeinnützigen Trägers darstellt.

Einen Sonderfall des wirtschaftlichen Geschäftsbetriebs stellt der sog. **Zweckbetrieb** dar. Dieser ist von der Besteuerung des wirtschaftlichen Geschäftsbetriebs ausgenommen, § 64 Abs. 1 AO. Was ein Zweckbetrieb ist, bestimmen die §§ 65–68 AO. Nach § 65 AO ist ein wirtschaftlicher Geschäftsbetrieb ein Zweckbetrieb, wenn er drei Voraussetzungen erfüllt:

a) er muss in seiner Gesamtrichtung der Verwirklichung der steuerbegünstigten satzungsmäßigen Zwecke dienen,

b) diese Zwecke müssen nur durch den Geschäftsbetrieb erreicht werden können und

c) er darf zu nicht begünstigten Betrieben derselben oder ähnlicher Art nicht mehr als unvermeidbar in Wettbewerb treten.

Für Einrichtungen der Wohlfahrtspflege, Krankenhäuser und sportliche Veranstaltungen enthalten die §§ 66–67a AO Sonderregelungen. Kraft Gesetzes als Zweckbetriebe gelten die in § 68 AO im einzelnen genannten wirtschaftlichen Tätigkeiten (bestimmte Altenheime, Kindergärten, Behindertenwerkstätten, Museen, kulturelle Veranstaltungen, Volkshochschulen, wissenschaftliche Einrichtungen etc.).

Rücklagen

Steuerlich unbedenklich ist es nach § 58 AO unter anderem, wenn die Körperschaft

- ihre Mittel einer Rücklage zuführt, soweit dies erforderlich ist, um ihre steuerbegünstigten satzungsmäßigen Zwecke nachhaltig erfüllen zu können (Nr. 6),
- höchstens ein Drittel des Überschusses der Einnahmen über die Unkosten aus Vermögensverwaltung und darüber hinaus höchstens zehn vom Hundert ihrer sonstigen zeitnah zu verwendenden Mittel einer freien Rücklage zuführt (Nr. 7 a) oder
- Mittel zum Erwerb von Gesellschaftsrechten zur Erhaltung der prozentualen Beteiligung an Kapitalgesellschaften ansammelt oder im Jahr des Zuflusses verwendet (Nr. 7 b).

Es sind also drei Fälle zu unterscheiden, in denen der gemeinnützige Träger Rücklagen bilden darf:

a) Rücklage für die Erfüllung der satzungsgemäßen Zwecke

Im erstgenannten Fall sind die Rücklagen zwar im Grundsatz der Höhe nach nicht beschränkt, stehen aber unter der Einschränkung der Erforderlichkeit für die **Erfüllung der Satzungszwecke**.

Auf die Herkunft der Mittel kommt es dabei nicht an. Es muss aber die konkrete Absicht einer bestimmten, die steuerbegünstigten Satzungszwecke verwirklichenden Verwendung vorliegen. Das Bestreben, allgemein die Leistungsfähigkeit der Körperschaft zu erhalten, reicht insoweit nicht aus. Für die Umsetzung des geplanten Vorhabens müssen **bereits konkrete Zeitvorstellungen** bestehen. Ist Letzteres nicht der Fall, ist die Rücklagenbildung zulässig, wenn die Durchführung des Vorhabens glaubhaft und bei den finanziellen Verhältnissen der steuerbegünstigten Körperschaft in einem angemessenen Zeitraum möglich ist (Ziff. 9 u. 10 zu § 58 AEAO). In jedem Fall erforderlich ist ein entsprechender **Beschluss** des zuständigen Organs der Körperschaft, in dem das konkrete Vorhaben beschrieben, ein Zeitplan aufgestellt und die für die Durchführung erforderlichen Mittel beziffert werden.

Zulässig ist in jedem Fall die sogenannte **Betriebsmittelrücklage**. Eine solche liegt vor, wenn die Körperschaft für **periodisch wiederkehrende Ausgaben** (z.B. Löhne, Gehälter, Mieten) in Höhe des Mittelbedarfs für eine angemessene Zeitperiode Rücklagen bildet. Der nach Ansicht der Finanzverwaltung zulässige Betrag bewegt sich dabei zwischen dem Bedarf für einen Monat und dem für zwölf Monate.

Hiervon zu trennen ist die Frage der vorhandenen liquiden Mittel bei Ablauf des Kalender- bzw. Wirtschaftsjahres. Es wird in der Regel kaum gelingen, sämtliche Mittel der Körperschaft jeweils bis zum Jahresende vollständig für Satzungszwecke zu verwenden. Verbleibt daher am Stichtag ein Überschuss, so ist dieser in den sogenannten **Mittelvortrag** einzustellen. Eine unschädliche zeitnahe Verwendung der Mittel liegt vor, wenn diese spätestens in dem auf den Zufluss **folgenden Kalender- oder Wirtschaftsjahr** für die steuerbegünstigten satzungsgemäßen Zwecke verwendet werden (§ 55 Abs. 1 Nr. 5 Satz 3 AO).

Da die Rücklage nach § 58 Nr. 6 AO an die steuerbegünstigten Zwecke der Körperschaft gekoppelt ist, scheidet diese Möglichkeit aus, wenn Mittel für einen steuerpflichtigen wirtschaftlichen Geschäftsbetrieb bereitgestellt werden sollen.

b) Freie Rücklage

Aus diesem Grund müssen Investitionen in einen steuerpflichtigen Geschäftsbetrieb grundsätzlich aus einer sog. **freien Rücklage** stammen. Diese zweite Möglichkeit der Rücklagenbildung unterliegt jedoch einer **Begrenzung der Höhe** nach. Die Gewinne aus dem Bereich der Vermögensverwaltung dürfen zu einem Drittel in die freie Rücklage einfließen; die verbleibenden Mittel aus den übrigen Bereichen können nur zu 10% eingestellt werden.

Letztere umfassen die Überschüsse aus steuerpflichtigen wirtschaftlichen Geschäftsbetrieben und Zweckbetrieben sowie die Bruttoeinnahmen aus dem ideellen Bereich (Ziff. 14 zu § 58 AEAO).

Werden diese Höchstgrenzen nicht ausgeschöpft, so ist eine Nachholung in späteren Jahren nicht zulässig (Ziff. 15 zu § 58 AEAO).

c) Rücklage zum Erhalt einer Kapitalbeteiligung

Einen Sonderfall bilden die Rücklagen zum **Erhalt einer Kapitalbeteiligung**. Hier spielt die Herkunft der Mittel wiederum keine Rolle. Diese Rücklagen sind der Höhe nach unbegrenzt, werden aber auf die übrigen freien Rücklagen angerechnet. Übersteigen die Mittel zum Erhalt der Kapitalbeteiligung die Höchstgrenzen für die freie Rücklage, können auch in Folgejahren solange keine weiteren freien Mittel angesammelt werden, bis die für eine freie Rücklage verwendbaren Mittel insgesamt die für die Erhaltung der Beteiligungsquote verwendeten oder bereitgestellten Mittel übersteigen (Ziff. 17 zu § 58 AEAO).

Finanzausstattung eines steuerpflichtigen wirtschaftlichen Geschäftsbetriebs

a) Integrierter wirtschaftlicher Geschäftsbetrieb

Für eine gemeinnützige Körperschaft, die einen steuerpflichtigen wirtschaftlichen Geschäftsbetrieb erst errichten möchte, stellt sich zumeist die Frage, wie und in welchem Umfang die bereits vorhandenen Mittel für die Finanzierung der Anfangsinvestitionen des Betriebes nutzbar gemacht werden können.

Unproblematisch ist insoweit zunächst die Verwendung des **Ausstattungskapitals** der Körperschaft sowie der zur Erhaltung des Vermögens gebildeten **freien Rücklage.**

Entsprechendes gilt für die Verwendung von Mitteln, die der Körperschaft gerade **zu diesem Zweck** zugewandt werden. Empfängt sie also (nicht abzugsfähige) Spenden oder Fördermittel, die nach dem Willen der Zuwendenden gerade der Errichtung des wirtschaftlichen Geschäftsbetriebs (oder auch dessen Verlustdeckung) dienen sollen, ist dies gemeinnützigkeitsunschädlich (vgl. Ziff.6 zu § 55 AEAO).

Unbedenklich ist es auch, wenn die Körperschaft zur Finanzierung **Darlehen** aufnimmt, wenn diese dem steuerpflichtigen Geschäftsbetrieb zugeordnet sowie Zinsen und Tilgung des Darlehens ausschließlich aus dessen Erträgen aufgebracht werden. Nichts anderes gilt, wenn für die Kreditaufnahme Sicherheiten bestellt werden, beispielsweise Grundbesitz der Körperschaft mit einer Grundschuld belastet wird (vgl. Ziff. 7 zu § 55 AEAO) .

Ebenso können Mittel des ideellen Bereichs zur **Deckung von Anfangsverlusten** im steuerpflichtigen Geschäftsbetrieb verwandt werden, selbst wenn diese Verluste nicht auf einer Fehlkalkulation beruhen, sondern vorhersehbar waren. Zum Ausgleich müssen aber in der Regel innerhalb von drei Jahren nach deren Entstehung dem ideellen Bereich entsprechende Mittel wieder zugeführt werden, die weder aus diesem stammen (also keine Erträge aus Zweckbetrieben, Vermögensverwaltung, etc.) noch für diesen bestimmt sind (vgl. Ziff. 6 u. 8 zu § 55 AEAO).

b) Ausgelagerter wirtschaftlicher Geschäftsbetrieb

Die Finanzierung eines auf eine Kapitalgesellschaft ausgelagerten steuerpflichtigen Geschäftsbetriebs, insbesondere die **Übertragung von Vermögenswerten** der gemeinnützigen Körperschaft an die Tochtergesellschaft, wirft eine Vielzahl rechtlicher Fragen auf.

Technisch kann die Ausgründung entweder im Wege einer **Ausgliederung** nach den Vorschriften des Umwandlungsgesetzes (UmwG), in Form einer **Sacheinlage** in die Tochtergesellschaft oder durch **Verkauf** des wirtschaftlichen Geschäftsbetriebs an diese geschehen, sofern beim gemeinnützigen Träger bereits ein wirtschaftlicher Geschäftsbetrieb unterhalten worden ist.

Probleme können sich insoweit wiederum im Hinblick auf das Gebot der zeitnahen **und gemeinnützigen Mittelverwendung** ergeben. Zu differenzieren ist dabei danach, ob eine bereits steuerpflichtige oder (noch) steuerbegünstigte wirtschaftliche Aktivität auf die Tochtergesellschaft übertragen werden soll. Da die Erörterung der damit verbundenen steuer- und gesellschaftsrechtlichen Fragen den Rahmen dieser Kurzdarstellung sprengen würde, sei insoweit an dieser Stelle auf weiterführende Literatur verwiesen (z.B. Schauhoff, Handbuch der Gemeinnützigkeit, § 17 Rz. 25–36).

Freigrenzen

Auch der grundsätzlich steuerpflichtige wirtschaftliche Geschäftsbetrieb unterliegt ausnahmsweise *nicht der Körperschaftsteuer und Gewerbesteuer,* wenn dessen Einnahmen einschließlich Umsatzsteuer den Betrag von 30.678 Euro im Jahr nicht erreichen.

Grundstrukturen verschiedener Körperschaften

Der folgende Abschnitt gibt einen groben Überblick über die rechtlichen Unterschiede und Besonderheiten der im gemeinnützigen Sektor gebräuchlichsten Rechtsformen Verein, Stiftung und GmbH, sowie ergänzend der – im gemeinnützigen Sektor weniger anzutreffenden – Aktiengesellschaft und der Genossenschaft.

Der eingetragene Verein (e.V.)

Kennzeichnend für den Verein hinsichtlich der vermögensmäßigen Beteiligung ist vor allem der Umstand, dass die Mitglieder des Vereins *keinen abgrenzbaren Kapitalanteil* an der Körperschaft innehaben. Allenfalls bei Auflösung des Vereins entfiele auf die Mitglieder ein Anteil am Vereinsvermögen. Die Mitgliedschaft selbst stellt jedoch kein Vermögensrecht dar und ist in keiner Form übertragbar. Bei Ausscheiden stehen dem Mitglied somit auch grundsätzlich keine Ansprüche auf Ausgleich oder Abfindung zu. Der Eintritt oder Austritt aus dem Verein ist vergleichsweise unkompliziert, da er keiner besonderen Form bedarf. Hierin kann ein Motiv für die Wahl der Rechtsform des Vereins liegen, wenn ein großer Bestand an Mitgliedern gewünscht ist oder mit *häufigen Mitgliederwechseln* gerechnet werden muss. Zudem bietet die Form des Vereins die Möglichkeit, in erster Linie die eigenen Mitglieder zu begünstigen.

Auf die Geschäftsführung des Vereins haben die Mitglieder Einfluss über die Mitgliederversammlung. Diese kann den Vorstand bestimmen und ihn auch wieder abberufen. Der Vorstand hat die Weisungen der Mitgliederversammlung zu beachten bzw. umzusetzen. Da im Gegensatz beispielsweise zur GmbH die Anzahl der Mitglieder regelmäßig höher sein wird, ist die gemeinsame Beschlussfassung durch die Mitgliederversammlung komplizierter, was den *Handlungsspielraum* des Vorstands regelmäßig vergrößert.

Die *Finanzierung* durch Mitgliedsbeiträge ist *unkompliziert* und in dieser Form nur dem Verein möglich. Es bedarf im Unterschied zu GmbH oder Stiftung nach dem Gesetz auch keiner kapitalmäßigen Mindestausstattung.

Die Gesellschaft mit beschränkter Haftung (GmbH)

Grundlegend anders als beim Verein gestaltet sich bei der GmbH die Position der Gesellschafter im Hinblick auf das Gesellschaftsvermögen. Der einzelne Gesellschaftsanteil besitzt einen **Vermögenswert** und ist grundsätzlich **übertragbar.** Die Übertragbarkeit kann allerdings durch den Gesellschaftsvertrag beschränkt werden. Die Übertragung des Anteils bedarf in jedem Falle der **notariellen Beurkundung**, was die GmbH insoweit schwerfälliger macht.

Hinsichtlich der Steuerbarkeit der Geschäftsführung gibt es Parallelen mit dem Verein. Auch hier **bestimmen die Gesellschafter** über die Gesellschafterversammlung die Geschicke der Gesellschaft. Durch Beschluss können Geschäftsführer ein- oder abgesetzt werden und können diesen konkrete Handlungsvorgaben gemacht oder Aufgabenbereiche zugewiesen werden. Mehr noch als beim Verein ist aufgrund der regelmäßig kleineren Anzahl der Gesellschafter diesen eine tatsächliche Steuerung der Geschäftsführung möglich.

Auch ist die GmbH im Hinblick auf die rechtlichen Grundstrukturen **flexibel.** Insbesondere im Gegensatz zur Stiftung können auch später noch durch Änderung des Gesellschaftsvertrags die Struktur der Gesellschaft verändert oder andere Organe eingesetzt werden. Wie beim Verein ist die **Auflösung** der Körperschaft möglich. Dies ist beispielsweise dann sinnvoll, wenn das Kapital verbraucht oder das Unternehmen mangels entsprechenden Engagements der Gesellschafter keine Impulse zur Fortführung mehr erhält.

Die Kapitalausstattung der GmbH muss bei deren Gründung mindestens **25.000 Euro** betragen.

Die Aktiengesellschaft (AG)

Wie bei der GmbH besitzen auch bei der AG die Anteile der Gesellschafter (Aktien) Vermögenswert und können grundsätzlich übertragen werden. Im Gegensatz zur GmbH ist die **Übertragung unkompliziert.** Bei Namensaktien kann die Übertragung von der Zustimmung der Gesellschaft abhängig gemacht werden.

Im Vergleich zur GmbH ist der Einfluß der Gesellschafter (Aktionäre) auf die Geschäftsführung geringer. Die Geschäfte der AG werden durch den Vorstand geführt. Dieser wird vom Aufsichtsrat bestellt und überwacht, welcher seinerseits in der Hauptversammlung durch die Aktionäre bestimmt wird.

Vorteil der Aktiengesellschaft ist die Möglichkeit einer **breiten Kapitalstreuung,** durch die eine Vielzahl von Kapitalgebern für die Finanzierung erreicht werden kann. Wie bei GmbH und Verein sind auch bei der AG die Änderung der Satzung sowie die Auflösung der Gesellschaft möglich.

Das erforderliche Mindestkapital der AG bei deren Gründung beläuft sich auf **50.000 Euro.**

Die Stiftung

Im Gegensatz zu Verein, GmbH oder AG gibt es bei der Stiftung weder Gesellschafter- noch Mitgliedschaftsrechte. Ist die Stiftung einmal errichtet, besteht sie autonom. Sie ist gleichsam ihr eigener Eigentümer. Folglich sind die Möglichkeiten der Steuerung und Einflußnahme auf die Geschäftsführung stark begrenzt.

Denn die Geschäftsführung des Vorstands der Stiftung unterliegt nach deren Errichtung nur einer sehr **begrenzten Kontrolle** durch die Stiftungsaufsicht. Eine Bindung besteht vor allem an den Willen des Stifters, und zwar in der Form, wie er in der Satzung der Stiftung festgehalten ist. Der Vorstand hat somit im Vergleich zum Geschäftsführer der GmbH eine relativ große Handlungsfreiheit. Er rekrutiert auch zukünftige Vorstandsmitglieder in der Regel selbst (sog. Kooptation). Allerdings kann sich der Stifter für die Zeit seines Lebens hier **Einflussnahme** vorbehalten (z.B. durch das Recht zur Ernennung oder Abberufung des Vorstands oder anderer Gremien).

Auch die Errichtung einer Stiftung setzt ein gewisses **Mindestkapital** voraus. Die Höhe ist allerdings nicht ausdrücklich geregelt. In der Regel werden die zuständigen Behörden die erforderliche Genehmigung jedoch verweigern, wenn nicht ein Grundkapital vorhanden ist, das ausreicht, um die dauernde und nachhaltige Erfüllung des Stiftungszwecks zu gewährleisten. Die Errichtung einer selbständigen Stiftung wird daher schwierig sein, wenn nicht einmal ein Grundstock von **50.000 Euro** aufgebracht werden kann. Je nach Stiftungszweck kann die von den Behörden verlangte Mindestausstattung auch ein Vielfaches davon betragen.

Die eingetragene Genossenschaft (e.G.)

Eine Genossenschaft ist eine Vereinigung, die einen **wirtschaftlichen Zweck** verfolgt, nämlich die »Förderung des Erwerbs oder der Wirtschaft ihrer Mitglieder mittels gemeinschaftlichen Geschäftsbetriebes« (§ 1 GenG). Wie beim Verein gibt es **Mitgliedschaftsrechte.** Das Grundkapital der Genossenschaft bestimmt sich nach der Höhe der Anteile der Genossenschafter (Einlagen). Die Mitgliedschaft selbst ist nicht übertragbar, wohl aber das Geschäftsguthaben.

Die Geschäftsführung der Genossenschaft obliegt dem Vorstand, der ebenso wie der Aufsichtsrat vorbehaltlich einer anderen Satzungsbestimmung von der Generalversammlung gewählt wird. Da im Grundsatz alle Mitglieder unabhängig von der Höhe ihrer Einlage dasselbe Stimmrecht haben, ist die Genossenschaft in besonderem Maße demokratisch, hierdurch zugleich jedoch auch **schwerer steuerbar** als eine Kapitalgesellschaft.

Eine Mindestkapitalausstattung gibt es nicht. Aufgrund des erhöhten Aufwands durch die **Prüfungspflicht** durch einen Prüfungsverband sowie die Zweckbestimmung der wirtschaftlichen Förderung der Mitglieder wird die Genossenschaft im Bereich der Gemeinnützigkeit nur im Ausnahmefall als Gesellschaftsform ernsthaft in Betracht zu ziehen sein.

	Verein	GmbH	Stiftung	AG	e.G.
Eigentümer	Kein Eigentü-mer i.e.S.	Gesellschafter	Kein Eigentümer	Aktionäre	Genossen
Mindestka-pitalaus-stattung	Keine Vorgaben	25.000 €	Variabel	50.000 €	Keine Vorgaben
Haftung	Beschränkt auf das Vermögen der Körperschaft				
Gremien	• Vorstand • GF optional • Mitglieder-versammlung	• GF • Gesellschaf-terversamm-lung	• Vorstand • GF optional, • Kuratorium optional	• Vorstand, • Aufsichtsrat • Hauptver-sammlung	• Vorstand • GF optional • Genossen-schaftsver-sammlung
Besonder-heiten / Vor-züge	Flexible Mitgliedschaft	Starke Rolle der Gesellschafter	Starke Zweck-bindung	Übertragbare Anteile	Demokrati-scher Rahmen

GF = Geschäftsführer/in

Sebastian Leonhard ist als Rechtsanwalt in Berlin tätig.

Anhang

Forschung zum Thema

Während sich jenseits des Atlantiks seit ein paar Jahren eine lebhafte »social enterprise«-Szene entwickelt, die sich mit Strategien der Eigenmittel-Erwirtschaftung im Nonprofit-Bereich auseinandersetzt und an entsprechenden Rahmenbedingungen arbeitet, ist hierzulande das Interesse am Thema gerade erst am Entstehen. Während Untersuchungen mit einer volkswirtschaftlichen Perspektive, insbesondere mit arbeitsmarktbezogenem Bezug, häufiger sind, steckt die Forschung über Geschäftsaktivitäten im gemeinnützigen Kontext in Deutschland noch in den Kinderschuhen. Zielgenaue Daten über Geschäftsbetriebe im Nonprofit-Bereich liefern vor allem neuere Studien aus den USA, die jedoch in ihrer Übertragbarkeit auf den gemeinnützigen Bereich in Deutschland zu prüfen sind. Im Folgenden werden ausgewählte Ergebnisse aus vier Studien vorgestellt.

Johns Hopkins Project (JHCNP)

Die meist beachtete Studie, die auch zur Finanzierung im Dritten Sektor Aufschluss gibt, ist das »Johns Hopkins Comparative Nonprofit Sector Project«, in dessen Rahmen Nonprofit-Organisationen in 40 Ländern untersucht und nach Branchen verglichen wurden. Eine Teilstudie des Projektes zur Lage in Deutschland wurde von Eckhard Priller und Annette Zimmer unternommen. Die Ergebnisse im Teilbereich »Finanzierung« zeigen für Deutschland eine vergleichsweise hohe öffentliche Finanzierungsquote und einen geringen philanthropischen Anteil. Auch die selbsterwirtschafteten Einnahmen liegen hierzulande deutlich unter dem internationalen Durchschnitt.

Diese Zahlen bedürfen insofern einer Erläuterung, als in der Studie zum Bereich der öffentlichen Hand nicht nur staatliche Förderungen, sondern etwa auch Leistungsentgelte der Sozialversicherungen und Aufträge von öffentlichen Trägern gezählt werden. Als selbsterwirtschaftete Mittel gelten demgegenüber Mitgliederbeiträge, Gebühren und Entgelte aus Geschäften auf dem »privaten« Markt. Dies ist insofern entscheidend, als viele Leistungsverträge mit öffentlichen Kostenträgern heute gar nicht mehr trennscharf von marktbezogenen Geschäften zu unterscheiden sind. Dies hat, wie eingangs erwähnt, einerseits mit der Praxis des stärker marktorientierten »New Public Management« zu tun, gleichzeitig aber auch mit Entwicklungen auf europäischer Ebene, etwa dem Vertrag von Amsterdam.

Mehr Informationen unter: www.jhu.edu/~cnp

	Öffentliche Hand	Philanthropische Mittel	Selbsterwirtschaftete Mittel
Kultur und Erholung	20,4%	13,4%	66,2%
Bildung und Forschung	75,4%	1,9%	22,6%
Gesundheitswesen	93,8%	0,1%	6,1%
Soziale Dienste	65,5%	4,7%	29,8%
Umwelt- und Naturschutz	22,3%	15,6%	62,1%
Wohnungswesen und Beschäftigung	0,9%	0,5%	98,6%
Bürger- und Verbraucherinteressen	57,6%	6,6%	35,8%
Stiftungen	10,4%	3,4%	86,2%
Internationale Aktivitäten	51,3%	40,9%	7,8%
Wirtschafts- und Berufsverbände	2,0%	0,8%	97,2%
Deutschland Insgesamt	*64,3%*	*3,4%*	*32,3%*
Internationaler Durchschnitt	42%	11%	47%

Johns Hopkins Projekt (Teilstudie Deutschland, 1995) Quelle: Nehmermärkte und Nonprofit Bereiche (nach Johns Hopkins) – E. Priller, R. Graf Strachwitz, A. Zimmer. In: Fundrasing. Fundraising Akademie (Hrsg.) Gabler, Wiesbaden 2003

Instruments and Effects

Eine der wenigen deutschen Forschungsbeiträge, die einen differenzierten branchenspezifischen Einblick in das Potential zur Eigenmittel-Erwirtschaftung im Dritten Sektor geben, ist die Göttinger Studie »Instruments and Effects«, die den Untertitel »Finanzierungsinstrumente zur Stabilisierung von Organisationen des Dritten Systems« trägt. Die Studie untersucht am Beispiel der Stadt Göttingen primär das Zusammenspiel von Finanzierung und Beschäftigung im Dritten Sektor, liefert aber auch einige aufschlussreiche Ergebnisse zum Thema wirtschaftlicher Betätigung gemeinnütziger Träger (die hier unter dem Kennwort »Verkaufserlöse« geführt wird). Die Studie stellt heraus:

- 19% der untersuchten Organisationen sind überwiegend durch Eigenmittel finanziert. Den größten Anteil hiervon machen Mitgliedsbeiträge aus. Überwiegend abhängig von Verkaufserlösen sind dagegen nur 4% der Organisationen.
- Relevante Verkaufserlöse (ab 10% vom Gesamtbudget) werden bei 37% aller Träger erzielt. Dieser Prozentsatz variiert mit der Branche der Organisation: Im Sportbereich liegt er mit 62% aller Sporteinrichtungen am höchsten, im Umweltbereich bei 50%, im Kulturbereich bei 45% und im Sozialbereich bei 27% aller befragten Einrichtungen der jeweiligen Branche.
- Außer im Sportbereich, in dem auch kleine Vereine eine Eigenmittelquote von mind. 10% aufweisen, gelingt es Organisationen des Dritten Sektor erst ab einer Mindestbudgetgröße, einen relevanten Budgetanteil mit Eigenmitteln zu bestreiten. Im Kulturbereich orientiert sich die Minimalgröße zum Aufbau von Projekten der Eigenmittelerwirtschaftung an der Existenz einer hauptamtlichen Struktur und liegt bei ca. 30.000 Euro im Jahr. Im Sozialbereich gelingt es lediglich Einrichtungen mit mindestens 100.000 Euro pro Jahr einen relevanten Geschäftsbereich aufzubauen und darüber zu einer 10%-igen Eigenmittelfinanzierung der sozialen Arbeit zu kommen.

Mehr Informationen unter: www.instrumentsandeffects.de

New Social Entrepreneurs

Diese Studie wurde 1996 vom Roberts Enterprise Development Fund (REDF) erarbeitet. Sie dokumentiert Erfahrungen verschiedener US-basierter Community Organisationen beim Aufbau von Geschäftsbetrieben. Einige der Ergebnisse der Studie sind:
- Die von Nonprofit-Organisationen gewählten Märkte haben oft geringe Einstiegsbarrieren, gehören zum Niedriglohnsektor und sind durch eine geringe Wertschöpfung charakterisiert. Daher ist der Markteinstieg oft leichter als die langfristige Etablierung der Geschäftsbetriebe.
- Die soziale Ausrichtung der Träger-Organisationen, insbesondere im Bereich der Personalpolitik, wirkt sich für die Geschäftsbetriebe auf dem Markt in der Regel nachteilig aus.
- Die Gründungsphase von Geschäftsbetrieben, die von Nonprofit-Organisationen getragen werden, dauert durch den parallel ablaufenden Veränderungsprozess in der Organisation meist länger als in der freien Wirtschaft.
- In der Gründungsphase können Geschäftsbetriebe in der Regel keine Gewinne an ihre Träger ausschütten, da während dieser Zeit jeder Cent reinvestiert werden muss.
- Netzwerkbildung hat einen großen Stellenwert beim Aufbau erfolgreicher Geschäftsbetriebe. Manager der Betriebe müssen neben Verbindungen zu öffentlichen Geldgebern, Stiftungen und der Nonprofit-Szene dabei auch im Unternehmens Bereich Netzwerke aufbauen.
- Bei den meisten Projekten ließ sich eine einzelne Person als »Sozial-Unternehmer« (Social Entrepreneur) ausmachen, der Anstoß und Energie für die Geschäftsgründung gibt.

Mehr Informationen unter: www.redf.org/pub_nse.htm

Enterprising Nonprofits

Diese wohl bislang umfangreichste Studie wurde 2000 von Cynthia Massarsky und Samantha Beinhacker von der »Partnerhsip on Nonprofit Ventures« durchgeführt, die ein Kooperationsprojekt der Yale School of Management und der Goldman Sachs Foundation ist. Die Erhebung der Daten erfolgte durch einen Online-Fragebogen, der von über 500 Nonprofit-Organisationen in den USA ausgefüllt wurde. Einige der Ergebnisse sind:

- Von den befragten Nonprofit-Organisationen betreiben 42% Projekte zur Erwirtschaftung von Eigenmitteln. Im Kulturbereich liegt diese Quote mit 60% höher als im Gesundheitsbereich (45%), dem Umweltbereich (42%), dem Bildungsbereich (33%), und dem religiösen Bereich (26%).
- Beim überwiegende Teil der Gründungen (87%) knüpft der Geschäftsbetrieb an die ideelle Arbeit der Trägerorganisation an. Drei Viertel der von den Nonprofits gegründeten Geschäftsbetriebe bieten dabei Dienstleistungen (und nicht materielle Produkte) an.
- Finanzielle Ziele (Einkommensgenerierung, Unabhängigkeit, Diversifizierung) stehen bei über der Hälfte der Geschäftsgründungen im Vordergrund. Allerdings beobachten 75% der Organisationen durch ihre Geschäftsbetriebe positive »Halo-Effekte«. Zu diesen positiven Effekten zählt die Besserung der Reputation, der Arbeitsweise und Beziehungen sowie die Bereicherung der Organisationskultur.
- Der durchschnittliche Anteil, mit dem die Geschäftsbetriebe zur Finanzierung der Nonprofit-Organisationen beitragen, liegt bei 12%.
- Die Erfolgsrate der Geschäftsbetriebe steigt mit dem Alter (Schwellenwert: über zehn Jahre), der Beschäftigtenzahl (Schwellenwert: mehr als 20 Mitarbeiter/innen) und dem Budgetumfang (Schwellenwert: über 12 Mio $ Jahresbudget) der Trägerorganisation.
- Besonders erfolgreich sind Geschäfte, die auf Vermietung und Verpachtung beruhen.
- Unterstützung durch die Organisationsführung ist ein kritischer Faktor im Erfolg des Geschäftsbetriebs – in 70% der Fälle wurden die Geschäftsgründungen »von oben« angestoßen. Bei den gescheiterten beträgt dieser Anteil nur 30%.
- Geschäftsbetriebe, bei denen die Finanzierung von Anfang an gesichert ist, haben eine höhere Erfolgschance als solche, für die im Laufe der Gründung noch Kapital akquiriert werden muss.
- Nur die Hälfte der Organisationen haben einen Businessplan für ihre Geschäftsgründungen geschrieben. Bei den gescheiterten Geschäftsbetrieben lag die Rate der angefertigten Businesspläne mit 39% unter dieser Zahl. Gute Geschäftsplanung hat somit einen positiven Einfluss auf den Geschäftserfolg.
- Das Fehlen finanzieller Ressourcen und kompetenten Personals sind die Hauptgründe zur Entscheidung gegen den Aufbau von Geschäftsbetrieben

Mehr Informationen: www.ventures.yale.edu/factsfigures.asp

Literatur & Links

Deutschsprachige Literatur

Innenfinanzierung und Selbstfinanzierung in Non-Profit-Organisationen und sozialen Dienstleistungsorganisationen. Klaus Schellenberg, Fernstudienagentur des FVL, Berlin 2001. 46 Seiten.
Studienbrief über die betriebswirtschaftlichen und juristischen Grundlagen von Innen- und Beteiligungsfinanzierung im gemeinnützigen Bereich. Fachlich geschrieben mit nützlichen Beispielrechnungen.

Konzeptheft Auslagerung steuerbegünstigter Betriebe. Thomas von Holt, BFS Betriebs- und Finanzwirtschaftlicher Service GmbH. Köln 1997.
Hinweise zu GmbH-Auslagerungen aus juristischer Perspektive mit vielen Formularen und Tabellen zum Selbst-Ausfüllen.

Auf eigenen Beinen stehen – Finanzierungsmöglichkeiten entwicklungspolitischer Nicht-regierungsorganisationen. Utz Dornberger für die Stiftung Nord Süd Brücken und Eine Welt Haus Jena (Hrsg.), Jena 2000, 74 Seiten
Untersuchungsbericht und praktischer Leitfaden zum Aufbau von Geschäftsbetrieben sowie Fundraising und Sponsoring bei entwicklungspolitischen NROs.

Der Schatz im Silbersee – Ein Finanzierungsleitfaden für selbstverwaltete Betriebe und Projekte. Arbeitsgruppe Projektberatung (Hrsg.), Stattbuch Verlag, Berlin 1984, 175 Seiten.
Einfach zu lesendes praxisnah verfasstes Handbuch über Startfinanzierung und Betrieb gewerblicher Projekte und Grundlagen der Finanzierung sozialer Projekte.

Kultur in neuer Rechtsform: Problemlösung oder Abwicklung? Werner Hartung und Reinald Wegner. FES Kommunalpolitische Texte, Bonn 1998. 181 Seiten. (Online)
Von der »Arbeitsgruppe Kommunalpolitik« der Friedrich-Ebert-Stiftung verfasster Text mit Hintergrunds- und Handlungswissen über freie Kulturfinanzierung. Arbeitshilfe für Kommunen, freie Träger, Bildungsträger und Hochschulen.

Englischsprachige Literatur

Generating and Sustaining Nonprofit Earned Income – A Guide to Successfull Enterprise Strategies. Sharon Oster, Cynthia Massarsky und Samantha Beinhacker (Hrsg.), Jossey-Bass, San Francisco 2004, 311 Seiten
Von der Partnership on Nonprofit Ventures herausgegebener Sammelband, der alle gro-

ßen Namen der Social-Enterprise-Szene vereint. In 17 Kapiteln werden die Grundlagen der Geschäftsplanung, der Kapitalakquise und des Managements für Geschäftsbetriebe im Nonprofit-Bereich dargelegt.

Venture Forth! – The Essential Guide to Starting a Moneymaking Business in Your Nonprofit Organization. Rolfe Larson, Amherst Wilder Foundation, Saint Paul 2002, 256 Seiten
Systematisch aufgebauter Leitfaden mit einem durchgehenden anschaulichen Fallbeispiel, anhand dessen die Arbeitsschritte erläutert und Worksheets vorgestellt werden.

The Nonprofit Entrepreneur – Creating Ventures to Earn Income. Edward Skloot, Foundation Center, New York 1988. 170 Seiten.
Aus der Beratungspraxis heraus geschriebene Arbeitshilfe zur Eigenmittel-Erwirtschaftung, auf die US-Situation zugeschnitten, in Bezug auf allgemeine Themen wie Businessplanung und Doppelziel-Management aber universell verwendbar.

The Emergence of Social Enterprise. Carlo Borzaga und Jacques Defourny (Hrsg.), Routledge Studies in the Management of Voluntary and Non-profit Organizations. London, 2001
Beschreibung des Dritten Sektors hinsichtlich der Entwicklung von Sozial-Unternehmen in den 15 EU Ländern vor der Erweiterung.

Strategic Tools for Social Entrepreneurs: Enhancing the Performance of Your Enterprising Nonprofit. Gregory Dees, Peter Economy, Jed Emerson. Wiley & Sons, New York 2002. 326 Seiten. Ausführliches Handbuch von den »Big Shots« der US Nonprofit Enterprise Szene über die Einführung unternehmerischer Strategien in Nonprofit-Organisationen.

Managing the Double Bottom Line: A Business Planning Reference Guide for Social Enterprises. Suita Kim Alter, PACT Publications, Washington DC 2000. 356 Seiten. Übersichtlich geschriebener Leitfaden zum Aufbau von Geschäftsbetrieben im Nonprofit-Bereich mit Schwerpunkt im Bereich Businessplanung. Angereichert durch Fallbeispiele der internationalen Organisation »Save the Children«.

Links zum Thema

www.soziale-unternehmen-berlin.de
Netzwerke Sozialer Unternehmen – Nach Branchen sortierte Datenbank zu Zweckbetrieben und Sozialen Betrieben in Berlin

www.bag-integrationsfirmen.de
Bundesarbeitsgemeinschaft zur politischen Interessenvertretung der Integrationsfirmen

www.shopethic.com
Elektronische Shopping Mall Europäischer Integrationsfirmen

www.socialfirms.co.uk
Social Firms United Kingdom – Organisation zur Unterstützung von Integrationsfirmen in UK

www.ngse.org
»Social Enterprise Alliance« – US basiertes Netzwerk von Sozialen Unternehmen

http://ventures.yale.edu
»Partnership on Nonprofit Ventures« der Yale School of Management und Goldman Sachs – Portal mit Ressourcenpool.

SOCIUS

Die SOCIUS Organisationsberatung gemeinnützige GmbH begleitet Entwicklungsprozesse mit Organisationen und Menschen vornehmlich im Nonprofit Bereich durch Seminare, moderierte Tagungen, Evaluationen und längerfristige Beratungszyklen. Ziel ist die umfassende und ganzheitliche Stärkung der Akteure und Organisationen. Ein Überblick über das Angebot findet sich unter www.socius.de.

Der Autor

Andreas Knoth (Jg '72) ist Diplom Psychologe mit Schwerpunkt Organisationspsychologie und Master of Bussiness Studies. Er hat über mehrere Jahre Erfahrungen durch Engagements mit Nonprofit Organisationen und Stiftungen in Deutschland, den USA und Südost Europa gesammelt. Zur Zeit ist er neben einem Lehrauftrag an der FU Berlin als Berater und Trainer mit der SOCIUS Organisationsberatung im Schwerpunkt Eigenmittel-Erwirtschaftung tätig.

Stiftung MITARBEIT – Idee und Auftrag

Aufgabe der Stiftung MITARBEIT ist es, die Demokratie-Entwicklung von unten zu fördern. Sie möchte Menschen ermutigen, Eigeninitiative zu entwickeln und sich an der Lösung von Gemeinschaftsaufgaben zu beteiligen. Nur wenn möglichst viele Bürgerinnen und Bürger in unserer Gesellschaft bereit sind, sich einzumischen und demokratische Mitverantwortung zu übernehmen, kann Demokratie lebendig werden.

Seit 1963 unterstützt die Stiftung MITARBEIT daher bürgerschaftliches Engagement und Selbsthilfeaktivitäten in unterschiedlichsten Handlungsfeldern. Dies geschieht durch

- Publikationen und Öffentlichkeitsarbeit
- Fachtagungen und Methodenseminare
- Projekte und Modellvorhaben
- Beratungsangebote für Initiativen und politische Organisationen
- Bundesweite Förderung von Vernetzungs- und Kooperationsprojekten
- Starthilfeförderung für neue Initiativen

Mit dem Internetportal »Wegweiser Bürgergesellschaft« (www.buergergesellschaft.de) wendet sich die Stiftung MITARBEIT an Initiativen, Projekte, Nonprofit Organisationen, Wissenschaft und Politik wie auch an Bürger(innen), die sich bürgerschaftlich engagieren wollen. Der Wegweiser informiert Interessierte über Möglichkeiten des Engagements in der Bürgergesellschaft, Praxishilfen und Unterstützungsmöglichkeiten. Zugleich erleichtert der Wegweiser den Erfahrungsaustausch, die Kooperation und das gegenseitige Lernen zwischen unterschiedlichen zivilgesellschaftlichen Netzwerken. Wissenschaft, Politik und Wirtschaft mit zum Teil sehr unterschiedlichen politischen Überzeugungen. Diese parteipolitische Unabhängigkeit ist auch heute noch ein Grundpfeiler unserer Arbeit.

172

Publikationen der Stiftung MITARBEIT

I. Beiträge zur Demokratieentwicklung von unten

Nr. 5   *Beauftragte in Politik und Verwaltung*. 1993 • 168 S. • ISBN 3-928053-27-2

Nr. 14   *Direkte Demokratie in der Kommune*. Zur Theorie und Empirie von Bürgerbegehren und Bürgerentscheid. 2000 • 308 S. • ISBN 3-928053-65-5

Nr. 16   *Die Karlsruher Republik – Der Beitrag des Bundesverfassungsgerichtes zur Entwicklung der Demokratie und zur Integration der bundesdeutschen Gesellschaft*. 2000 • 164 S. • ISBN 3-928053-67-1

Nr. 18   *Alltags(t)räume – Lebensführung im Gemeinwesen*. 2002 • 127 S. • ISBN 3-928053-78-7

Nr. 19   *Geschlechterdemokratische Beteiligung im Rahmen kommunaler Sozialplanung*. 2003 • 280 S. • ISBN 3-928053-80-9

Nr. 20   *Die soziale Stadt – Chancen für die Gemeinwesenentwicklung*. 2004 • 110 S. • ISBN 3-928053-88-4

II. Brennpunkt-Dokumentationen zu Selbsthilfe und Bürgerengagement

Nr. 29   *Forward to the roots ... – Community Organizing in den USA – Eine Perspektive in Deutschland?*. In Zusammenarbeit mit FOCO (Forum für Community Organizing). 1999 (2. Auflage) • 96 S. • ISBN 3-928053-50-7

Nr. 34   *Wozu Freiwilligen-Agenturen? – Visionen und Leitbilder*. Beiträge zu einer Fachtagung. 1999 • 128 S. • ISBN 3-928053-62-0

Nr. 36   *Freiwilligenagenturen, Stiftungen und Unternehmen – Modelle für neue Partnerschaften*. Beiträge zu einer Fachtagung. 1999 • 120 S. • ISBN 3-928053-68-X

Nr. 37   *Was die Welt im Innersten zusammenhält – Ehrenamtliche Arbeit von Frauen*. 2000 • 220 S. • ISBN 3-928053-69-8

Nr. 39   *Handbuch Unternehmenskooperation – Erfahrungen mit Corporate Citizenship in Deutschland*. 2001• 192 S. • ISBN 3-928053-75-2

Nr. 41   *Kompetenzwerkstatt – Förderung von Kindern und Jugendlichen*. 2004 • 80 S. • ISBN 3-928053-86-8

III. Arbeitshilfen für Selbsthilfe- und Bürgerinitiativen

Nr. 5   *Eine Veranstaltung planen – Tipps und Anregungen*. 2003 (5. überarbeitete Auflage) • 52 S. • ISBN 3-928053-22-1

Nr. 10   *Die mit den Problemen spielen – Ratgeber zur kreativen Problemlösung*. 2004 (6. Auflage) • 80 S. • ISBN 3-928053-38-8

Nr. 12   *Vereinspraxis – Ein Ratgeber zum Vereinsrecht, zum Arbeitsrecht und zu kauf-männischen Fragen*. Mit CD-ROM. Gemeinschaftsausgabe mit der Arbeitsgemein-schaft sozialpolitischer Arbeitskreise (AG SPAK). 2003 (3. aktualisierte und erweiterte Auflage) • 173 S. • ISBN 3-928053-42-6

Nr. 15   *Wie Stiftungen fördern*. 2001 (2. überarbeitete und aktualisierte Ausgabe) • 112 S. • ISBN 3-928053-49-3

Nr. 18   *Die Organizer-Spirale - Eine Anleitung zum Mächtig-Werden für Kampagnen, Ini-tiativen, Projekte*. 2003 (2. überarbeitete, aktualisierte Auflage) • 94 S. • ISBN 3-928053-57-4

Nr. 21   *Fundraising*. 1999 • 96 S. • ISBN 3-928053-64-7

Nr. 22   *Wege aus der Gewalt - Trainingshandbuch für Multiplikatorinnen in der Jugend-arbeit*. 2003 (2. Auflage) • 104 S. • ISBN 3-928053-71-X

Nr. 23   *In guter Gesellschaft - Szenarien aus Selbsthilfe und Bürgerengagement*. 2001 • 144 S. • ISBN 3-928053-73-6

Nr. 24   *Arbeitshilfe Bürgerbegehren und Bürgerentscheid - Ein Praxisleitfaden*. 2001 • 56 S. • ISBN 3-928053-74-4

Nr. 25   *Projekte überzeugend präsentieren - So vermitteln Sie Ihr Anliegen klar und ein-prägsam*. 2003 (2. Auflage) • 80 S. • ISBN 3-928053-76-0

Nr. 26   *Was geht?! – Probleme lösen, mehr Durchblick bekommen, Projekte machen*. In Kooperation mit profondo, Beratungsbüro für Jugend, Europa, Bildung. 2003 • 155 S. ISBN 3-928053-77-9

Nr. 27   *Virtuelle Netze nutzen lernen – Der Weg zu einem erfolgreichen Internet-Auftritt*. 2003 • 64 S. • ISBN 3-928053-79-5

Nr. 28   *Die Kunst, sich nicht über den Runden Tisch ziehen zu lassen – Ein Leitfaden für BürgerInneninitiativen in Beteiligungsverfahren*. 2003 • 112 S. • ISBN 3-928053-81-7

Nr. 29   *Handbuch Aktivierende Befragung – Konzepte, Erfahrungen, Tipps für die Praxis*. 2003 • 244 S. • ISBN 3-928053-82-5

Nr. 30   *Praxis Bürgerbeteiligung – Ein Methodenhandbuch. In Kooperation mit Agenda Transfer*. 2004 • 312 S. • ISBN 3-928053-81-4

Nr. 31   *Fundraising als Chance. Arbeitshilfe zur Mittelbeschaffung und Organisations-entwicklung in Vereinen*. 2004 • 56 S. • ISBN 3-928053-85-X

Nr. 32   *Baulücke? Zwischennutzen! – Ein Ratgeber für den Weg von der Brachfläche zur Stadtoase*. 2004 • 105 S. • ISBN 3-928053-87-6